SCIENCE

AMUSANTE

PAR

TOM TIT

ILLUSTRATION

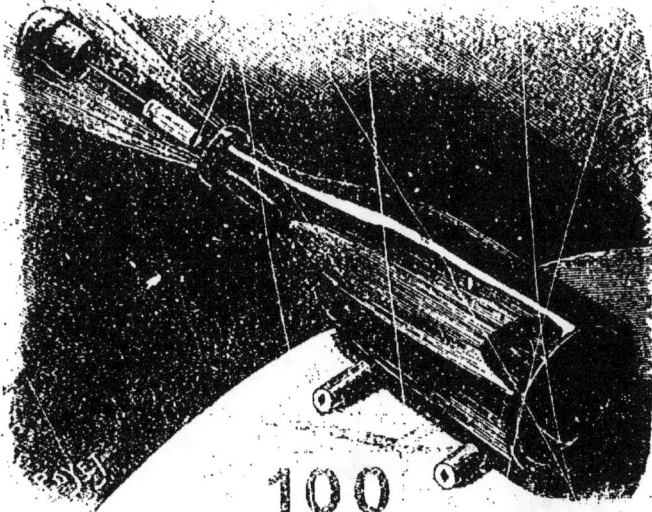

100
EXPÉRIENCES

Librairie Larousse, Paris

TOM TIT.

Phot. A. Courrier.

TOM TIT

LA
Science Amusante

(PREMIÈRE SÉRIE)

100 EXPÉRIENCES

PARIS. — LIBRAIRIE LAROUSSE

17, rue Montparnasse, 17

Succursale : rue des Écoles, 58 (Sorbonne)

—

Tous droits réservés

OUVRAGES DE TOM TIT

A MON FILS JEAN

Parmi les expériences contenues dans ce livre, les unes sont de simples jeux destinés à récréer parents et enfants, lorsqu'ils sont réunis le soir autour de la table de famille.

D'autres, au contraire, d'un caractère vraiment scientifique, ont pour but d'initier le lecteur à l'étude de la physique, cette science merveilleuse à laquelle nous devons la découverte de la vapeur, du téléphone, du phonographe, et qui nous réserve, pour demain peut-être, de nouvelles surprises.

Toutes ces expériences, qu'elles soient simples ou compliquées, n'exigent aucun appareil spécial, et par suite, aucune dépense; notre laboratoire improvisé se compose, en effet, comme tu le sais, d'ustensiles de cuisine, de bouchons, d'allumettes, etc., objets que nous avons tous sous la main.

En te dédiant aujourd'hui ce volume, je désire qu'il soit pour toi un souvenir des moments heureux que nous avons passés ensemble à essayer les expériences et à construire les appareils décrits dans la Science amusante.

Ton papa,

ARTHUR GOOD

(TOM TIT)

Paris, le 1er janvier 1890.

LA SCIENCE AMUSANTE

1re PARTIE. — EXPÉRIENCES DE PHYSIQUE

I. — PROPRIÉTÉS GÉNÉRALES DES CORPS

Le Sou percé avec une aiguille.

Percer un sou avec une aiguille semble tout d'abord, surtout si l'aiguille est fine, un problème insoluble. C'est cependant bien simple.

Il suffit d'introduire l'aiguille dans un bouchon, d'en faire saillir légèrement la pointe, et de couper, avec des tenailles, la partie de la tête qui dépasserait de l'autre côté.

Frappez alors vigoureusement sur le bouchon avec un marteau, après avoir disposé le sou et le bouchon comme l'indique notre dessin, ou posé simplement le sou sur une planche de bois tendre.

L'aiguille, ne pouvant fléchir dans aucun sens, grâce au bouchon qui la guide d'une façon rigide, traversera le sou ou toute autre pièce de monnaie de même épaisseur avec la plus grande facilité, puisque nous savons que l'acier dont se compose l'aiguille est plus dur que le bronze du sou (1).

---

(1) Voici un tableau indiquant la dureté des métaux usuels par rapport à la fonte grise :

Fonte grise	1.000
Acier	958
Fer forgé	948
Platine	375
Cuivre	301
Aluminium	271
Argent	208
Zinc	183
Or	167
Étain	27
Plomb	16

La Cloche à plongeur.

ᴸᴼᴿˢᏩᵁᴱ nous descendons un verre renversó dans l'eau, nous nous apercevons que le niveau de l'eau dans le verre est bien au-dessous du niveau de l'eau extérieure. Ce phénomène très connu va nous permettre de donner une amusante démonstration du fonctionnement de la cloche à plongeur, sous laquelle les ouvriers, bien qu'ils soient au-dessous du niveau de l'eau, peuvent respirer et travailler à leur aise.

Pour rendre l'expérience visible à tous vos spectateurs, disposez-la comme nous allons vous l'indiquer. Le vase contenant l'eau sera une cloche à fromage

renversée, et supportée par un bocal à cornichons, dans
l'ouverture duquel pénétrera le bouton de la cloche.
Vous aurez ainsi un vase transparent permettant de voir
ce qui se passe à l'intérieur. Si vous descendez maintenant un verre renversé dans cette eau, vous constaterez que le niveau de l'eau dans le verre est bien
au-dessous du niveau extérieur.

En vous appuyant sur ce principe, vous pouvez maintenant proposer l'expérience suivante : *Faire descendre
un morceau de sucre au fond de l'eau, sans le mouiller.*
Il vous suffira de poser le sucre sur le milieu d'un bouchon à moutarde et de coiffer ce bouchon avec le verre
renversé; descendez le verre bien verticalement, pour
empêcher le bouchon de faire la culbute, et maintenez
le bord du verre au fond du vase pendant tout le temps
qu'on le désirera. En remontant ensuite le verre, et par
suite le sucre et son support, vous retirerez le morceau
de sucre complètement sec, l'air contenu dans le verre
ayant empêché l'eau de venir en contact avec lui (1).

---

(1) Au lieu du bouchon et du morceau de sucre, vous pouvez introduire
sous le verre retourné une ou deux mouches vivantes, qui, en voltigeant dans
l'air contenu dans le verre, vous prouveront qu'elles ne se sentent nullement
incommodées.

Pour les cloches à plongeur travaillant à de grandes profondeurs, l'air à la
pression ordinaire ne serait pas suffisant pour empêcher l'entrée de l'eau; on
est forcé de le comprimer à une pression d'autant plus forte que la profondeur
est plus grande.

L'Allumette pliée.

PLIEZ en deux une allumette ordinaire, ce qui la brise partiellement, les deux parties ne tenant plus l'une à l'autre que par quelques fibres du bois. Placez-la, ainsi pliée, sur le goulot d'une bouteille ; mettez sur l'allumette une pièce de 50 centimes.

Proposez alors à l'assistance de faire tomber la pièce

dans la bouteille sans toucher ni à la pièce, ni à l'allu-mette, ni à la bouteille. Vous verrez que l'on cherchera longtemps, sans la trouver, la solution, qui est pourtant bien simple et que voici : trempez votre doigt dans un verre d'eau, et, en le plaçant au-dessus de l'angle formé par l'allumette, laissez tomber sur cet angle une ou deux gouttes de liquide ; aussitôt les fibres du bois, gonflées par l'humidité, tendent à se redresser, et vous verrez l'angle de l'allumette s'ouvrir petit à petit jusqu'à ce que, l'allumette ne supportant plus la pièce de monnaie, celle-ci tombe dans la bouteille.

Ce n'est pas plus malin que ça !

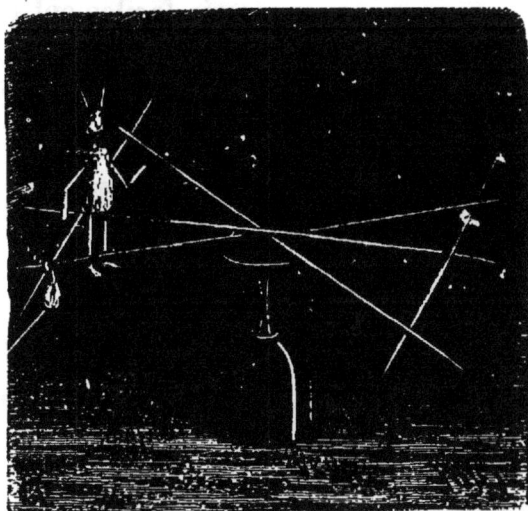

Les préparatifs.

La Machine infernale.

Choisissez cinq longs cure-dents en bois, bien droits et sans défauts. Deux d'entre eux seront posés en croix sur la table; un troisième, posé par-dessus, suivant la ligne médiane de l'X ainsi formé; quant aux deux autres, ils seront placés perpendiculairement aux extrémités de cette ligne médiane, les deux bouts de ces transversales passant *sous* les bouts des deux branches de l'X, tandis que leur milieu passera *sur* la médiane. Cette dernière sera ainsi courbée légèrement, et, grâce à son élasticité, les transversales seront assez serrées contre les autres tiges pour que l'en-

semble se tienne sans se déformer. Il est bon de se
mettre à deux personnes pour réussir facilement cette
petite construction.

Il s'agit maintenant de renouveler, en la moderni-

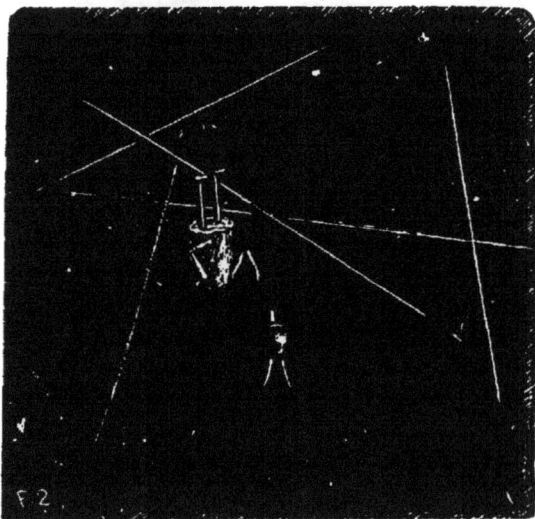

Le résultat.

sant, une scène de l'envoûtement au Moyen Age, céré-
monie dans laquelle on pratiquait, à l'aide d'une aiguille, sur une image en cire représentant la personne
à qui l'on voulait du mal, des blessures dont elle était
censée souffrir elle-même.

Notre personnage aura pour corps un bouchon et
pour membres des allumettes; la tête, en mie de pain,
reproduira, autant que votre talent vous le permettra,
les traits de la personne que vous détestez le plus et dont

vous seriez bien aise d'être débarrassé. (Notre dessin représente un diable, pour éviter toute personnalité blessante.) Posez l'appareil sur le goulot d'une bouteille ou le pied d'un verre retourné; mettez votre ennemi à cheval sur l'extrémité de la tige médiane, et allumez la mèche... je veux dire : enflammez l'un des coins de la machine infernale, comme l'indique la figure 1.

La figure 2 vous indique le résultat de l'explosion qui se produit aussitôt : le feu ayant détruit l'extrémité d'une des tiges, tout se disloque, et la tige centrale, qui était bandée comme un ressort, se détend subitement, projetant en l'air les membres épars de votre malheureux ennemi.

Le Pendu sans corde.

Faites tremper un fil dans de l'eau fortement salée, faites-le sécher, et cela deux ou trois fois de suite. Cette préparation doit se faire en secret, et vous présentez au public votre fil, qui a toute l'apparence d'un fil ordinaire. Suspendez-y une bague, en la choisissant le plus légère possible ; mettez le feu au fil, qui brûlera d'un bout à l'autre, et les spectateurs seront surpris de voir la bague rester suspendue à la cendre résultant de cette combustion. En réalité, la partie fibreuse du fil a été brûlée ; mais il reste un petit tube de sel assez solide pour que, si l'on opère à l'abri des courants d'air, la bague s'y maintienne suspendue.

Cette expérience, qui est connue sous le nom du

pendu sans corde, peut être variée de la manière
suivante :

Attachez quatre bouts de fil aux quatre coins d'un
petit rectangle de mousseline, de façon à faire une
sorte de hamac; faites tremper le tout dans de l'eau
salée, puis mettez à sécher, en recommençant trois ou
quatre fois ces deux opérations. Une fois le fil et la
mousseline bien imbibés de sel et parfaitement secs,
placez un œuf vide dans le hamac après l'avoir suspendu, comme l'indique la figure. Mettez le feu au
hamac; il flambera, ainsi que les quatre fils; et si l'expérience a été bien préparée, votre œuf doit rester suspendu, au grand étonnement de l'assistance.

Plonger sa main dans l'eau sans la mouiller.

ANS un vase plein d'eau, jetez une pièce de monnaie, une bague ou tout autre objet, et annoncez que vous allez retirer cet objet avec votre main, sans que celle-ci soit mouillée.

Il suffit pour cela de saupoudrer la surface du liquide avec un corps pulvérisé n'ayant aucune cohésion avec l'eau et, par conséquent, que l'eau ne mouille pas. La poudre de lycopode (lycopode en massue), que vous trouverez chez tous les pharmaciens, jouit de cette propriété.

Après avoir projeté un peu de cette poudre sur le liquide, plongez-y hardiment votre main jusqu'au fond, retirez la bague et montrez à l'assistance que votre main est aussi sèche qu'auparavant. Cela tient à ce que la poudre de lycopode a fait à votre main un véritable *gant*, sur lequel le liquide n'a eu aucune action, de même qu'elle n'en a aucune sur les plumes des canards que nous voyons plonger et replonger dans l'eau et en ressortir absolument secs, à cause de la graisse spéciale sécrétée par leurs plumes (1).

(1) Voir vol. III, p. 31, l'expérience *Tremper un papier blanc dans l'encre sans le noircir*.

La Poire coupée.

COMMENT faire pour placer le couteau sous la poire assez exactement pour que celle-ci, suspendue au plafond le plus haut possible, vienne se couper en deux sur la lame dès qu'on a brûlé le fil auquel elle est attachée? Il n'est pas besoin pour cela du fil à plomb; il nous suffira de tremper la poire dans un verre d'eau que nous retirerons aussitôt : quelques gouttes du liquide, se détachant de la poire, tomberont en un même point de la table ou du plancher, point que nous marquerons soigneusement. Ces préparatifs doivent être faits dans le secret, de telle sorte que les personnes qui arrivent ensuite trouvent la poire suspendue, sans connaître l'artifice de la goutte d'eau.

Au moment voulu vous mettez le couteau à la place que vous avez marquée, et la poire vient infailliblement se couper en deux sur la lame.

Vous pouvez aussi disposer l'expérience comme l'indique la figure, et trouver par tâtonnements, en faisant tomber de la poire plusieurs gouttes d'eau, à quel point exact les deux couteaux doivent se croiser. La poire se coupera alors en quatre morceaux, que vous recueillerez dans un plateau placé au-dessous des couteaux (1).

----

(1) Cette expérience nous démontre que tous les corps, liquides et solides, tombent suivant une ligne *verticale*, qui est celle du fil à plomb, perpendiculaire à la surface des eaux tranquilles, qui est dite *horizontale*.

Si la poire est suspendue très haut, ce qui rend l'allumage du fil plus difficile, on peut brûler celui-ci au moyen d'un rat-de-cave attaché au bout d'une canne à pêche ou d'un long bâton; on peut encore laisser pendre le bout du fil jusqu'à la portée de la main de l'opérateur. Celui-ci allume l'extrémité de ce fil, et la flamme monte jusqu'au fil de suspension, qui se trouve coupé sans aucun ébranlement.

La Balance en ficelle.

OICI la manière de fabriquer une excellente balance avec un bout de ficelle de n'importe quelle
grosseur.

Plantez deux clous espacés d'un mètre sur le bord
d'une planche horizontale. Suspendez-y, par ses extrémités, un bout de ficelle de 1^m,50 de longueur, au milieu
de laquelle vous aurez fait un gros nœud, bien visible.

Un calendrier coupé en deux vous fournira les deux
plateaux, que vous suspendrez par quatre ficelles à la
corde principale, de part et d'autre du nœud, et chacun
à 25 centimètres de celui-ci. La partie centrale de la
ficelle portant le nœud prendra alors une position horizontale, et aura 50 centimètres de longueur.

Placez un papier fort ou un morceau de carton derrière
cette partie horizontale, et marquez-y par une flèche la
position du nœud lorsque votre balance est au repos.
Si vous chargez l'un des plateaux avec un corps quelconque, un poulet, par exemple, l'équilibre est rompu,
et, la partie centrale de la ficelle prenant une position
plus ou moins oblique, le nœud ne se trouve plus en face
de la flèche servant de repère. Pour l'y ramener, vous
devez mettre dans l'autre plateau des poids gradués, et,
lorsque l'équilibre sera rétabli et le nœud exactement
en face de la flèche, la somme des poids mis dans le
plateau vous fera connaître le poids de votre poulet.

Ce genre de balance peut se construire avec un fil;
une grosse corde ou même une chaîne, selon le poids
des objets à peser; elle est extrêmement sensible, et
suffisamment exacte pour peser les provisions dans un
ménage.

La Balance romaine.

La balance de cuisine dont vous voyez le modèle permet de peser sans poids, à l'aide d'une cuiller à pot, formant à la fois le fléau et le plateau de l'appareil, et d'une écumoire, remplaçant le poids mobile. Une fourchette en fer repose par deux de ses pointes sur deux aiguilles plantées verticalement dans le bouchon d'une bouteille; l'autre bout de la fourchette est maintenu dans le crochet de la cuiller à pot au moyen d'un petit morceau de bouchon. L'écumoire est accrochée au manche de la cuiller, et on la fait glisser le long de ce manche jusqu'à ce que, l'appareil étant au

repos, le manche soit horizontal, ce dont on s'assure en
se repérant sur une ligne horizontale tracée sur le mur.

On marque avec de l'encre le trait d'affleurement de
l'écumoire sur le manche de la cuiller et l'on y inscrit O.
Puis on place au centre de la cuiller un poids de 1 kilogr.,
qui force, pour rétablir l'équilibre, à faire glisser l'écumoire sur le fléau. On marque un trait correspondant à
1 kilogr. sur la face supérieure de ce fléau, et l'on di-
vise en dix parties égales la distance entre les deux
traits 0 et 1 ; on porte ensuite à droite et à gauche des
divisions égales correspondant toutes à des différences
de poids de 100 grammes, et notre romaine étant ainsi
graduée, la cuisinière pourra s'en servir pour véri-
fier le poids de son beurre ou de son sucre.

Je n'ose pas recommander l'appareil à titre de balance
de précision ; mais, pour des pesées approximatives
comme celles qui se font en cuisine ou en pâtisserie, il
pourrait peut-être, à défaut d'autre balance, rendre
quelques services.

L'Œuf debout sur la bouteille.

LANTEZ dans un bouchon, de part et d'autre, deux fourchettes de poids égal ; évidez légèrement l'extrémité inférieure de ce bouchon, de manière qu'elle s'applique exactement sur l'un des bouts de l'œuf ; posez l'autre bout sur le bord d'une bouteille, en maintenant

l'œuf bien verticalement; après quelques tâtonnements,
vous constaterez que l'ensemble se tient en équilibre,
par suite de l'abaissement du centre de gravité.

Percer une épingle avec une aiguille.

'ÉPINGLE est fixée à un bouchon dans lequel sont
enfoncés de part et d'autre deux canifs de même
poids. (Dans le cas où les deux canifs seraient de poids
différents, on ferait varier l'ouverture de leurs lames.)
Posez la tête de l'épingle sur le bout de votre doigt, et
assurez-vous, en déplaçant les canifs par tâtonnements,

que l'épingle se tient horizontale (1). Placez-la alors sur
la pointe d'une aiguille dont la tête aura été enfoncée dans
le bouchon d'une bouteille. En soufflant sur le bouchon
qui porte les canifs, vous mettez le système en mouvement, et il tournera sur la pointe de l'aiguille. De plus,
l'aiguille étant plus dure que l'épingle, qui est en cuivre,
elle arrivera au bout d'un certain temps à percer un
petit trou dans cette épingle, et même, si l'expérience
est suffisamment prolongée, à la traverser complètement.

Cette curieuse disposition est une variante de l'expérience du *Tourniquet*,
dans lequel l'épingle est verticale, et le bouchon équilibré par deux fourchettes
obliques. On pose la tête de l'épingle non plus sur la pointe d'une aiguille,
mais sur une pièce de monnaie horizontale placée sur le goulot de la bouteille.

Vu le frottement assez faible, le tourniquet ainsi organisé fonctionne très
longtemps.

L'Assiette sur une aiguille.

ous avons vu, dans les cirques, les équilibristes faire tourner au bout d'un bâton pointu des assiettes, saladiers et autres ustensiles de ménage; la plupart du temps ces objets sont en bois ou en métal, et leur équilibre, dû seulement à la force centrifuge, cesse dès que le mouvement de rotation n'est plus assez fort pour vaincre l'effet de la pesanteur.

Mais voici le moyen de faire tenir une assiette en équilibre stable sur la pointe d'une aiguille, et même de lui imprimer un mouvement de rotation sur ce pivot délicat.

Fendez 2 bouchons suivant leur axe, et à l'extré-

mité des 4 morceaux ainsi obtenus plantez 4 fourchettes, formant avec l'entaille plane que vous avez
faite un angle un peu inférieur à l'angle droit. Posez
les 4 bouchons ainsi préparés tout autour de l'assiette,
et à égale distance les uns des autres, en ayant soin
que les dents des fourchettes s'appuient contre les
bords de l'assiette, ce qui évite leur balancement.

Le système ainsi disposé pourra se tenir en équilibre
sur la pointe d'une aiguille dont la tête aura été enfoncée dans le bouchon d'une bouteille ; en agissant avec
précaution, pour éviter tout glissement, vous pouvez
imprimer un mouvement de rotation à votre assiette,
qui tournera d'autant plus longtemps que le frottement
est presque nul au point de contact avec l'aiguille (1).

(1) Voir dans le vol. II les équilibres du *Scieur de long* (p. 9) et de *L'Oiseau
sur la branche* (p. 13), et dans le vol. III (p. 7), les *Bougies de l'arbre de Noël*.
Tous ces équilibres sont obtenus par l'abaissement du centre de gravité du système ; on doit amener ce centre de gravité au-dessous du point de support ou
de suspension, et le plus bas possible, de manière que, lorsque le corps est
dérangé de sa position d'équilibre, il tende à y revenir de lui-même. C'est ce
que l'on appelle *l'équilibre stable*.

Faire tenir un Crayon sur sa pointe.

OTRE dessin donne, sans qu'il soit besoin d'autre explication, la solution du problème : *faire tenir un crayon sur sa pointe.*

Il suffit d'enfoncer la lame d'un canif dans le crayon, vers le côté de la pointe, et de replier cette lame légè-

3

rement en faisant varier son ouverture jusqu'à ce qu'on sente que l'équilibre est obtenu.

L'ensemble du crayon et du canif se tient en équilibre, conformément aux lois de la physique; le centre de gravité du système est situé au-dessous du point d'appui (le doigt, le bord de la table, etc.), ce qui donne un équilibre stable.

En faisant varier l'ouverture de la lame, vous pourrez donner à votre crayon des inclinaisons différentes, et lorsque le centre de gravité du système viendra se placer sur le prolongement de l'axe du crayon, celui-ci aura une position parfaitement verticale.

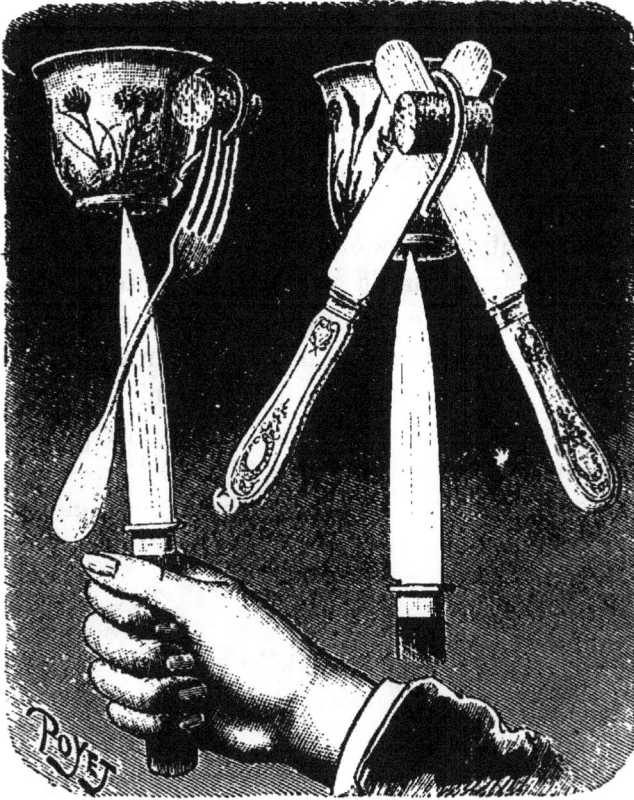

La Terreur des ménagères.

ON vous propose de faire tenir une tasse à café sur la pointe d'un couteau. Les accessoires sont bien simples, et se trouvent sous votre main lorsque vous êtes à table : un bouchon, une fourchette, voilà tout ce qui vous est nécessaire... sans oublier un peu d'adresse.

Enfoncez le bouchon dans l'anse d'une tasse à café, assez vigoureusement pour qu'il y soit solidement fixé, mais assez délicatement pour ne pas rendre la tasse veuve de son anse. Piquez la fourchette dans le bouchon, à cheval sur l'anse, deux dents d'un côté, deux dents de l'autre, en inclinant légèrement la queue de la fourchette vers le dessous de la tasse.

Le centre de gravité du système étant ainsi abaissé, vous placerez votre tasse sur la pointe d'un couteau, et trouverez, en tâtonnant, le point exact où elle peut se tenir en équilibre. Le dessous des tasses étant en général émaillé, évitez le tremblement de la main qui tient le couteau, car la tasse ne tarderait pas à glisser : pour commencer, maintenez la main droite près de la queue de la fourchette, de manière à saisir vivement celle-ci et retenir par suite la tasse en cas de chute.

Équilibre d'une Cuiller à pot.

PREMIÈRE POSITION.

LA cuiller à pot, qui se trouve entre les mains de toutes les cuisinières, va nous permettre d'exécuter un certain nombre d'expériences d'équilibre, quand il s'agira non seulement d'abaisser le centre de gravité, mais encore de le reporter du côté du point de suspension.

Placez un couteau pliant entr'ouvert sur le bord d'une

table, comme l'indique notre dessin, accrochez la cuiller
à pot sur l'angle de la lame et du manche, l'intérieur
de la cuiller faisant face à la table, et abandonnez le
système à lui-même : le couteau oscillera et la cuiller se
balancera jusqu'à ce qu'elle ait trouvé la position d'équilibre stable. Si vous chargez la cuiller avec du sable,
le couteau, loin de tomber, se relèvera, et cela tant que
le centre de gravité du système sera en arrière du bord
de la table.

Équilibre d'une Cuiller à pot.

DEUXIÈME POSITION.

Ici la cuiller à pot est accrochée à la naissance de la lame ; on a eu soin de fermer son crochet de telle sorte qu'elle ne puisse glisser et qu'elle fasse avec le manche, dans le sens vertical, un angle d'environ 45°. Vous arriverez à faire tenir ce système en équilibre en

posant l'extrémité du manche du couteau sur le bord
d'une table, sur votre doigt, ou sur le bord d'un verre
rempli d'eau pour avoir plus de stabilité.

Il semble que l'expérience soit impossible; essayez-la
et vous serez surpris de la facilité avec laquelle elle
s'exécute.

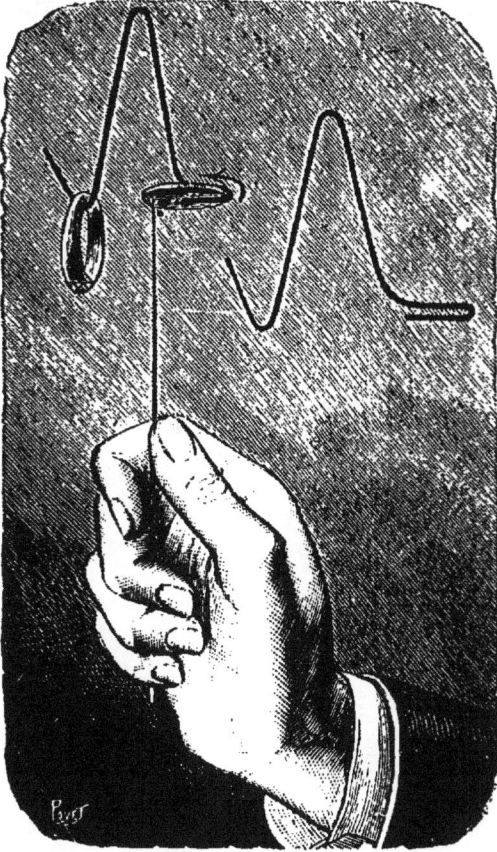

Faire tourner un sou sur la pointe d'une épingle.

REPLIEZ une épingle à cheveux comme l'indique la figure de droite de notre dessin; placez une pièce de deux sous horizontalement dans le crochet de

droite, accrochez dans celui de gauche une bague assez
lourde, ou deux bagues au besoin : vous aurez ainsi
établi un système qui peut se tenir en équilibre ; vous
posez le bord de la pièce sur une pointe verticale quelconque, une épingle à chapeau, par exemple.

De plus, en soufflant sur la bague, vous communi-
querez à l'appareil un mouvement de rotation très
rapide, sans que l'équilibre se trouve détruit.

En faisant tourner la pièce de deux sous sur une
aiguille d'acier très dur, vous pourrez constater que le
sou se perce à la longue, de sorte que vous pourrez
poser ainsi le problème : *Percer une pièce de deux sous
avec une aiguille en soufflant dessus.*

Équilibre d'une Assiette.

LA cuiller à pot, ce modeste sceptre des cuisinières, nous a servi pour exécuter deux curieuses expériences d'équilibre semblant combattre les lois de la pesanteur. Annexons-lui sa sœur l'écumoire, et ces deux ustensiles réunis nous permettront de poser le bord d'une assiette renversée sur le bord d'un verre ou le goulot d'une carafe, où elle se maintiendra en équilibre stable.

Accrochez la cuiller au bord de l'assiette et interposez une petite rondelle de liège (une tranche de bouchon) de manière que, par suite du serrage ainsi produit, la cuiller ne puisse osciller ni à droite ni à gauche. Posez l'assiette de la main gauche sur la carafe, accrochez l'écumoire de la main droite, et après quelques tâtonnements, en reculant ou avançant l'assiette, vous trouverez le point où elle restera en équilibre.

La Bouteille acrobate.

L s'agit de faire tenir une bouteille sur une ficelle tendue en travers de la chambre. Comme l'indique notre dessin, il suffira pour cela d'introduire dans le goulot l'extrémité d'un parapluie à manche recourbé. Pour éviter tout glissement fâcheux, vous pourrez enduire de craie la partie de la ficelle qui reçoit la bouteille, tout comme les acrobates frottent de blanc les semelles de leurs chaussures.

La figure de droite nous montre comment on pourrait, sans la secouer, décanter une bouteille de vin fin. Il suffirait de remplacer par une cuiller à pot le parapluie de tout à l'heure, de poser notre bouteille sur un large ruban de fil, et de la faire incliner petit à petit,

et sans secousses, en mettant dans un récipient, suspendu à l'autre bout de la cuiller, de l'eau que l'on y
verse goutte à goutte.

Je n'ai pas besoin d'ajouter que cette indication n'est
que théorique : faites l'expérience avec une bouteille
de vin ordinaire, et ne confiez pas au ruban de fil votre
bouteille de vieux bordeaux.

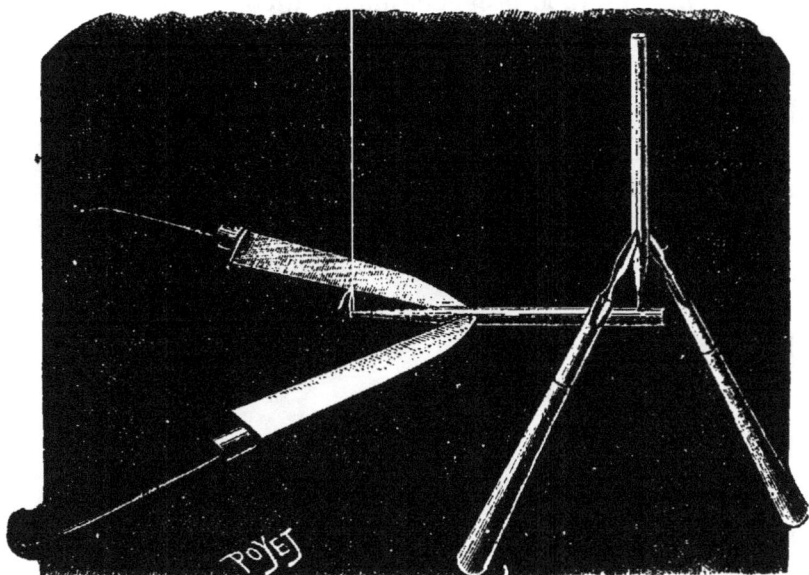

Les Crayons en équilibre.

ÉDIÉE à MM. les écoliers, cette expérience consiste à faire tenir dans l'espace deux crayons en équilibre : l'un, qui doit rester horizontal, reposant par sa pointe sur une aiguille ou suspendu par cette pointe à l'extrémité d'un fil; l'autre crayon, qui doit se tenir vertical, ayant sa pointe vers l'extrémité du crayon précédent. Nos lecteurs sont assez familiarisés avec nos précédentes expériences d'équilibre pour que nous n'insistions pas longtemps sur la disposition de celle-ci : les deux couteaux de poids égal, maintenant le crayon horizontal, rappellent notre expérience de l'épingle percée

avec une aiguille indiquée précédemment; quant à l'é-
quilibre du crayon maintenu vertical à l'aide de deux
porte-plume, c'est une expérience bien connue. Mais
la combinaison de ces deux équilibres nous a semblé
assez originale pour devoir être publiée ici.

Si nos jeunes lecteurs ont disposé leur appareil avec
soin, ils pourront le faire tourner autour de son point
de suspension, et, l'impulsion une fois donnée, ils
verront le mouvement de rotation se continuer pendant
un temps assez long.

L'Équilibre de la Pelle et des Pincettes.

'HIVER nous ramène au coin de notre feu; cela nous permettra d'y chercher, après dîner, de nouvelles expériences de science amusante.

En voici une bien simple : la pelle et les pincettes en font tous les frais. Placez sur le plancher la partie plate de la pelle, le manche restant oblique par rapport au plancher, et proposez à une personne de la société de faire tenir la pelle en équilibre dans cette position sans autre aide que celle des pincettes. Notre dessin vous indique immédiatement la manière d'opérer.

Il suffit de poser sur le plat de la pelle une des

4

palettes des pincettes, et d'accrocher l'autre palette
sous le manche; on arrive à l'équilibre après quelques
tâtonnements indispensables.

Il est bon de choisir une pelle et des pincettes munies
d'une poignée en forme de bouton, qui leur donnent
l'augmentation de poids voulue pour la réussite de
l'équilibre.

Si les palettes des pincettes étaient trop arrondies
par-dessous, un coup de lime viendrait y créer une
petite portion rectiligne sur laquelle il vous serait facile
de les faire reposer sans risque d'oscillations.

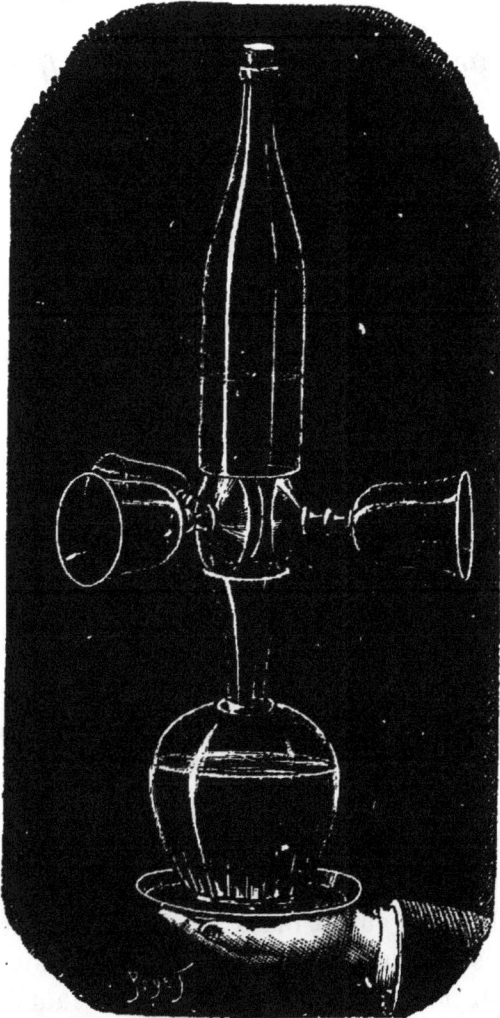

La Bouteille en danger.

ES lectrices vont peut-être pousser les hauts cris; mais il me semblerait vraiment dommage de ne pas publier la manière aussi nouvelle qu'élégante de *porter une carafe d'eau, une bouteille de vin et trois verres sur un plateau d'un diamètre à peine suffisant pour contenir la base de la carafe.* Je suis le premier à reconnaître, et mon titre en fait foi, que la bouteille se trouve dans une situation des plus précaires; mais n'est-ce pas la difficulté même qui fait le charme de la plupart des expériences d'équilibre? Du reste, le malheur serait-il bien grand si, par suite d'un insuccès, nous venions favoriser l'intéressante industrie de la verrerie en France et épanouir la figure des honorables négociants en cristaux, de qui notre problème d'aujourd'hui sera certainement le bienvenu?

Bravons donc une fois de plus les reproches, souvent mérités, des ménagères, et indiquons le mode de procéder pour édifier notre frêle édifice. J'avouerai qu'ici je me trouve fort embarrassé; notre dessin, exécuté d'après une photographie, montre exactement la position respective des cinq pièces; mais comment indiquer la marche à suivre, qui théoriquement se résume ainsi : *poser les pieds des trois verres entre le fond de la bouteille et le goulot de la carafe*, mais pratiquement n'est pas tout à fait aussi simple? Je me bornerai donc à quelques conseils destinés à diminuer les chances d'accident.

Pour essayer l'expérience, posez le plateau sur une table, au lieu de le tenir sur la main; ce sera déjà bien joli si vous réussissez du premier coup. Quatre aides sont nécessaires, et je n'ai pas à vous dire qu'il faut les choisir parmi les plus adroits de vos amis.

Trois d'entre eux tiendront chacun un verre par son bord et se grouperont autour du plateau, posé sur un

guéridon. Le quatrième aide tiendra une bouteille contenant une petite quantité de vin (prenez de l'eau pour
commencer). Les quatre opérateurs devront manœuvrer
avec une précision toute militaire; les trois premiers
poseront le pied de leur verre sur le rebord du goulot
de la carafe, de façon que les verres soient symétrique-
ment répartis autour de sa circonférence, et que les
axes de leurs pieds soient dans un plan horizontal.

A ce moment le quatrième aide posera délicatement le
fond de la bouteille sur les trois pieds des verres, et s'assurera, en appuyant sur la bouteille, puis en la soulevant
légèrement, que le poids de cette dernière *n'est pas
assez fort* pour maintenir le système en équilibre. Les
verres restant maintenus par les trois premiers aides,
le quatrième versera dans la bouteille, à l'aide d'un entonnoir, assez de liquide pour que l'équilibrage ait exactement lieu, et que les teneurs de verre ne sentent plus
ceux-ci peser dans leurs mains. Chacun d'eux lâchera
alors son verre, et le dernier pourra boucher la bouteille;
puis, les choses ayant été ainsi préparées dans le silence
du cabinet, vous pouvez inviter les spectateurs à venir
contempler votre œuvre.

Dernière recommandation : s'assurer, lorsque l'on
superposera les verres, que les pieds sont d'égal diamètre, en les présentant l'un devant l'autre.

Et maintenant, il me reste à souhaiter bonne chance
à ceux de nos lecteurs qui voudront essayer l'expérience
que je leur propose.

suspendez le petit carton sur la pointe de l'épingle, en le maintenant à une petite distance du grand, contre lequel il ne doit pas frotter. Placez l'appareil sur une cheminée bien horizontale, et changez de bout le carton mobile pour voir s'il se tient bien dans la même position par rapport à l'autre, les deux bords supérieurs devant rester parallèles, ce que l'on obtient en enlevant au besoin une parcelle de carton.

Voulez-vous caler un meuble avec ce petit appareil? Posez sur ce meuble le carton fixe : si le carton mobile s'élève à droite ou à gauche, c'est que le meuble penche, et vous augmenterez ou diminuerez la hauteur de la cale jusqu'à ce que les bords supérieurs des deux cartons deviennent parallèles.

Le Supplice de Tantale.

COUCHEZ une chaise par terre, comme l'indique notre figure, de telle sorte que, l'avant de la chaise reposant sur le sol, les pieds de derrière et le dossier soient sur un même plan horizontal.

Priez quelqu'un de s'agenouiller sur le barreau d'arrière, et de prendre avec sa bouche un morceau de sucre posé sur l'extrémité du dossier.

La chose semblera toute simple au premier abord; mais si la personne qui se prête à l'expérience n'a pas soin de s'accroupir de façon que le centre de gravité de son corps se maintienne en arrière du siège, la chaise basculera infailliblement, et, nouveau Tantale, la personne verra le sucre fuir au moment où elle croyait le tenir dans sa bouche. (1).

(1) Voir l'expérience *Une position délicate*, vol. II, p. 183.

L'Allumage difficile.

ANS l'expérience de l'homme agenouillé sur un barreau de chaise, et que nous avons intitulé *le Supplice de Tantale*, l'équilibre était difficile à conserver dans le sens de la longueur du corps, et c'est en avant que nous avons vu basculer l'amateur inexpérimenté.

Avec le jeu de *l'allumage difficile*, vous pourrez tomber au contraire de côté, à droite ou à gauche, à votre choix.

Voici en quoi consiste l'expérience :

Deux personnes s'agenouillent par terre, en face l'une

de l'autre, et, tenant dans leur main gauche une bougie dans un bougeoir, elles prennent chacune son pied droit dans sa main droite, ce qui les force à se tenir en équilibre sur leur genou gauche. L'un des amateurs, dont la bougie est éteinte, doit l'allumer à celle de l'autre.

Vous voyez que ce n'est pas compliqué, et cependant vous ne sauriez vous imaginer à combien de chutes ce jeu va vous permettre d'assister avant que l'allumage ait eu lieu ! C'est une nouvelle figure de cotillon à joindre à celle de la chaise ; vous aurez soin de mettre un journal sur le parquet, pour éviter les taches de bougie et rassurer la maîtresse de maison.

La Tête au mur.

PLACEZ par terre un tabouret contre le mur; mettez la pointe de vos pieds à une distance du mur double de la largeur du tabouret; baissez-vous et saisissez le tabouret par les côtés, puis appuyez la tête contre le mur. Soulevez ensuite le tabouret de terre, et sans secousses remettez-vous debout... ou du moins essayez de vous relever! Ne faites pas cette expérience

amusante sur un plancher glissant, mais sur un tapis,
qui atténuera les conséquences d'une chute possible.

Il y a là un curieux effet de déplacement du centre
de gravité de notre corps, qui rend le relèvement presque impossible, à moins de remettre par terre le tabouret et de prendre sur lui le point d'appui qui nous est
nécessaire.

Passer sous un manche à balai.

ONNEZ un manche à balai ou un long bâton à quelqu'un qui n'ait pas vu notre dessin ; priez-le d'appuyer une des extrémités dans l'angle du plancher et du mur puis de *passer tout entier* sous ce manche à balai, dans la partie comprise entre le plancher et ses mains. Si la personne n'est pas initiée à ce tour, elle fera face au mur, et en essayant de passer sous le bâton elle perdra infailliblement l'équilibre. Si, au contraire, elle a soin de tourner le dos au mur, et de se placer de telle sorte que ses deux pieds et l'extrémité du bâton

forment un triangle isocèle, elle réussira facilement.
En effet, après avoir passé sous le bâton, elle se relèvera

de l'autre côté, en ayant une position aussi stable de
l'autre côté du bâton que celle qu'elle occupait primitivement.

Le Verre patriotique.

ous savons tous que, si nous versons avec précaution du vin sur de l'eau, ce vin flotte à la surface : l'expérience est trop connue pour que nous y insistions ; mais aujourd'hui nous proposons de placer le vin au fond du verre, et l'eau par-dessus, sans que les deux liquides se mélangent. On utilise pour cela l'inégale densité de l'eau suivant qu'elle est froide ou chaude.

Dans un verre (choisissez un verre trempé, pour éviter sa rupture) placez de l'eau bouillante; puis, à l'aide d'un entonnoir plongeant jusqu'au fond (*fig*. 1), versez-y du vin, que vous aurez refroidi le plus possible avec de la glace. En opérant avec précaution, vous verrez le vin former au fond du verre une couche rouge bien distincte. Retirez doucement l'entonnoir et versez à la surface de l'eau un liquide bleuâtre plus léger que l'eau, par exemple de l'alcool coloré avec l'encre (*fig*. 2). Vous aurez ainsi la couche bleue supérieure, complétant le *verre patriotique*, qui vous permettra, à l'aide d'une lumière, de projeter sur le mur les trois couleurs du drapeau français.

Cela pour les *illuminations;* voici maintenant pour le *feu d'artifice*. Si vous laissez refroidir l'eau du verre, ou, si, pour aller plus vite, vous posez ce verre dans un vase contenant de l'eau froide, vous verrez le vin monter dans l'eau du verre en minces filets rouges analogues à des fusées (*fig*. 3); les différents liquides se mélangeront, et les colonnes bleues descendantes mêlées aux colonnes rouges qui montent vous donneront un curieux spectacle, celui d'un feu d'artifice dans un verre d'eau.

La Barrique et la Bouteille.

ON *vous donne une barrique pleine de vin et une bouteille, et l'on vous propose de remplir de vin la bouteille, par la bonde de la barrique, sans employer d'autre appareil que cette bouteille elle-même.*

Voici la solution : La barrique étant bien pleine de vin, remplissez la bouteille d'eau ; puis, fermant momentanément le goulot avec le doigt, plongez ce goulot dans

la bonde en retournant la bouteille ; enlevez votre doigt
du goulot, laissez quelques instants la bouteille dans
cette position, comme l'indique la figure, et vous verrez
insensiblement le vin, plus léger que l'eau, remplacer
dans la bouteille l'eau qui s'est en allée dans la barrique ; à la fin de l'opération, la bouteille, primitivement
pleine d'eau, sera remplie de vin pur.

L'Éruption du Vésuve.

PLACEZ au fond d'un bocal de verre plein d'eau un petit flacon contenant du vin rouge. Ce flacon sera fermé par un bouchon percé d'un trou très étroit suivant son axe. Nous savons que, par suite de la différence de densité des deux liquides, l'eau pénétrera dans le flacon, et en chassera le vin, qui s'échappera en un mince filet rouge pour venir s'étaler à la surface.

Voici un moyen pittoresque de présenter cette expérience bien connue : à l'aide de plâtre, ou plus simplement de terre, figurez une montagne au fond de votre vase. Le flacon s'y trouvera dissimulé, et vous ménagerez à la partie supérieure un petit orifice destiné au passage du filet de vin : ce sera le cratère (1).

Ayez soin d'agiter l'eau du vase afin que le panache qui la traverse figure la fumée rougeâtre d'un volcan tourmentée par le vent, et vous aurez ainsi donné aux spectateurs une reproduction assez exacte de l'éruption du Vésuve.

_____

(1) On pourrait, par une expérience inverse, démontrer que le lait, plus lourd que l'eau, descend au fond de ce liquide. Pour cela on remplit le petit flacon avec du lait, et on tient le flacon renversé en haut du bocal, le goulot un peu au-dessous du niveau de l'eau. On voit alors un ruban ou un filet blanc descendre lentement de haut en bas du bocal pour venir former à la partie inférieure une couche blanche opaque bien distincte du liquide transparent.

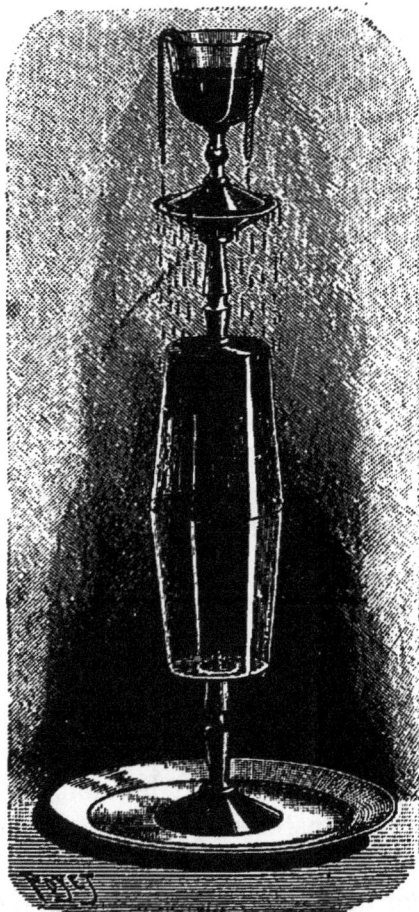

L'Eau changée en vin.

L ne s'agit pas de reproduire ici le miracle des noces de Cana; l'expérience que je propose n'en présente pas moins un côté fort intéressant pour les amateurs.

Prenez deux verres d'égal diamètre, que j'appellerai A
et B pour ma démonstration, et plongez-les dans un seau
d'eau, en tenant l'un debout, l'autre renversé ; lorsque
tous deux seront complètement pleins de liquide, sans
qu'il y reste une seule bulle d'air, mettez-les bord à bord,
en maintenant leurs axes verticaux, le verre A inférieur
se tenant debout, tandis que le verre B est renversé, et
sortez-les du seau d'eau. Après les avoir laissés s'égoutter
sur une assiette et les avoir bien essuyés, vous constaterez que B est plein de liquide, même si vous déplacez
légèrement son bord de façon à laisser entre lui et A
un petit intervalle, dont nous allons voir le rôle tout à
l'heure. Sur le pied de B, placez un petit verre C contenant du vin rouge, et annoncez que, *sans toucher à
aucun des trois verres*, sans même recouvrir l'ensemble
du traditionnel foulard des prestidigitateurs, *vous allez,
sous les yeux du public, faire passer le vin de C dans B
sans qu'une goutte de ce vin pénètre dans le verre A*.

L'opération est double, comme on le voit : il nous
faut : 1° faire sortir le vin du petit verre ; 2° le faire pénétrer dans B retourné. Un brin de laine à tapisserie trempé
dans le vin du petit verre, et dont les deux extrémités
pendront au dehors, constituera, par sa capillarité, un
excellent siphon, et à chaque extrémité du brin de laine
nous verrons perler une goutte de vin, qui deviendra de
plus en plus grosse jusqu'à ce qu'elle tombe sur le pied
de B, et de là, en débordant, sur les côtés de ce verre.
Le vin coulera ainsi tout doucement jusqu'aux bords
superposés des deux grands verres ; mais là, au lieu de
continuer sa descente sous l'action de la pesanteur, nous
le verrons, chose étrange, aspiré entre leurs deux bords.

Ce phénomène est dû à la *capillarité,* et rappelle l'expérience d'un liquide qui monte entre deux plaques de verre que l'on a rapprochées l'une de l'autre, ou dans l'intérieur d'un tube de très petit diamètre. Nous verrons notre vin, une fois entré dans l'intérieur des verres, monter en minces filets rouges à la partie supérieure de l'eau de B, en la colorant d'une teinte de plus en plus foncée, qui se dégrade à mesure qu'on se rapproche du bord (1).

En prolongeant suffisamment l'expérience, qui se fait, comme on le voit, automatiquement, on arrivera au résultat final que voici : le verre A plein d'une eau limpide, B plein d'un liquide rouge, enfin C complètement vide.

(1) Comparez avec cette expérience celle indiquée p. 43 du vol. II, sous le titre : *La Revanche des Danaïdes.*

Niveau d'eau populaire.

ES niveaux d'eau à bulle d'air sont des appareils assez coûteux et délicats ; il faut, de plus, un certain apprentissage pour apprendre à s'en servir, car ils n'indiquent le niveau que pour une seule direction. Voici, au contraire, un petit appareil à la portée de tous, indiquant le niveau dans tous les sens, et que chacun peut régler et construire soi-même ; aussi l'avons-nous appelé *le niveau d'eau populaire*.

Traversez d'une épingle un bouchon ; attachez un fil à la tête de cette épingle ; faites entrer le bout dans un flacon vide, et fixez, à l'aide d'un peu de cire à par-

quet, l'autre extrémité du fil au fond du flacon. Versez
alors de l'eau jusqu'à ce que le bouchon flotte et que le
fil se trouve bien tendu: la pointe de l'épingle sortira
du liquide et, lorsque l'eau sera en repos, elle prendra
une position fixe. (Il n'est pas nécessaire que l'épingle
soit verticale.) Bouchez maintenant votre flacon avec
un bouchon dans lequel vous aurez enfoncé une tige
rigide (longue épingle, par exemple), et réglez l'inclinaison de ce bouchon de telle sorte que, lorsque la
bouteille est posée sur un marbre de cheminée (qui est
en général bien horizontal), la pointe de l'épingle du
flotteur et celle de la tige du bouchon viennent se mettre exactement l'une en face de l'autre. Votre niveau
ainsi réglé, fixez à l'aide de cire à cacheter le bouchon
sur le goulot du flacon, pour empêcher tout déplacement
de la tige.

Voulez-vous maintenant caler un meuble, ou poser
un rayon bien horizontal, vous n'avez qu'à y poser votre
bouteille : tant que l'horizontalité ne sera pas parfaite
dans tous les sens, la pointe du flotteur sera plus ou
moins éloignée de la pointe de repère du bouchon,
autour de laquelle elle décrira un cercle, et vous modi-
fierez l'épaisseur de vos cales ou l'inclinaison de votre
rayon jusqu'à ce que les deux pointes reviennent en
face l'une de l'autre. Vous serez sûr alors d'avoir une
horizontalité au moins égale à celle du marbre de
votre cheminée, ce qui suffit dans la pratique.

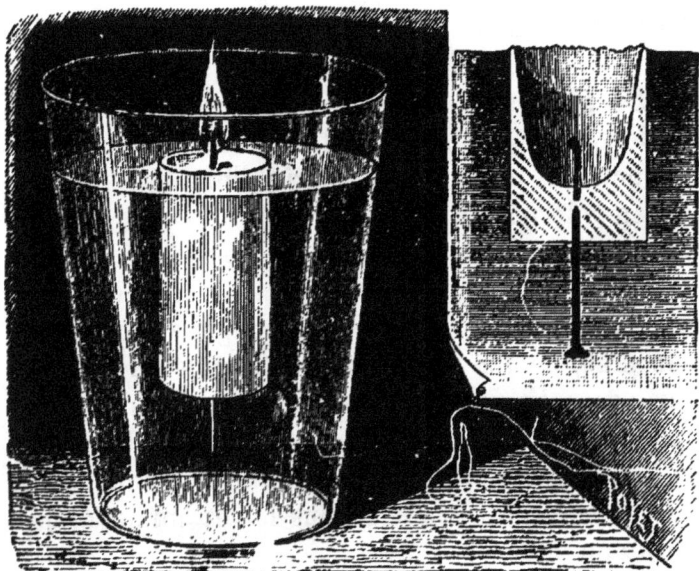

Un singulier Bougeoir.

INGULIER bougeoir, en effet, qu'un verre d'eau à donner comme support à une bougie; vous allez voir que, malgré sa simplicité, il n'est pas plus mauvais qu'un autre.

Lestez un bout de bougie avec un clou. Vous aurez calculé la grosseur de ce clou de façon à ce que la bougie plonge tout entière dans l'eau et que le liquide vienne affleurer son bord supérieur, sans toutefois mouiller la base de la mèche.

Allumez alors la mèche, et pariez que, malgré le milieu

peu favorable où elle est plongée, votre bougie va brûler jusqu'au bout.

Cela peut sembler extraordinaire, tout d'abord ; mais avec un peu de réflexion on devine le résultat de l'expérience. En effet, si la combustion raccourcit la bougie et semble vouloir mettre la mèche en contact avec l'eau, en revanche le poids de la bougie diminue à mesure, et elle remonte petit à petit (1).

De plus, la matière stéarique du pourtour, refroidie par le liquide, fondra beaucoup plus lentement que dans l'air, et vous verrez le haut de la bougie se creuser de plus en plus, de telle sorte que la flamme se creusera une sorte de petit puits, représenté dans le coin de notre dessin.

Cet évidement vient contribuer à l'allègement de la bougie, et la mèche, comme vous l'avez annoncé, brûlera jusqu'au bout.

Le côté pratique de l'expérience est celui-ci : contrairement à ce qui arrive avec les bougeoirs, la flamme d'une bougie ainsi disposée sera un point lumineux aussi fixe que le niveau du liquide, et ce foyer ne variera pas de hauteur, ce qui peut être utile dans les essais photométriques, lesquels ont pour objet de mesurer l'intensité lumineuse des diverses flammes.

---

(1) Cette expérience nous rappelle le principe d'Archimède, qui s'énonce ainsi : *Tout corps plongé dans un liquide éprouve de bas en haut une poussée égale en grandeur au poids du liquide déplacé.*
Si une portion de la bougie restait au-dessus du niveau de l'eau, l'expérience nous rappellerait le principe d'Archimède appliqué à un corps flottant.

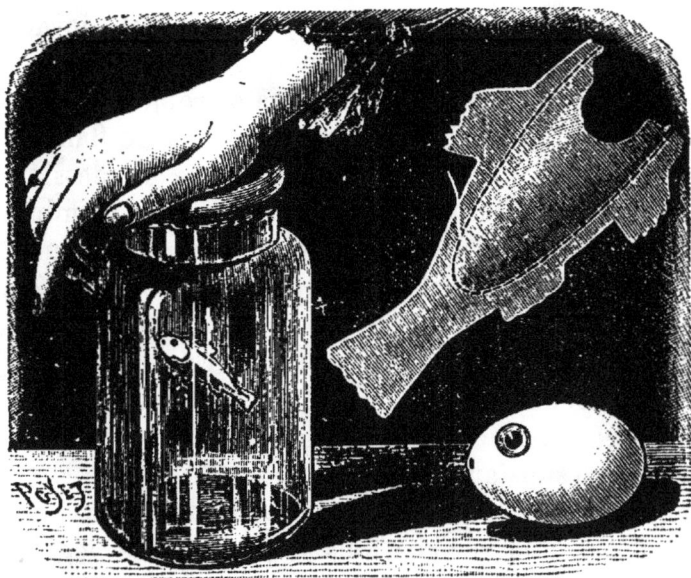

Le Poisson savant.

Videz un œuf cru en le perçant à ses extrémités de deux petits trous ; vous soufflerez par l'un de ces trous, et l'œuf se videra par l'autre.

Si vous êtes amateur d'œufs crus, un seul trou est nécessaire, et vous humez l'œuf au moyen d'une forte aspiration. Sinon, pratiquez deux trous, et rebouchez-en un avec un peu de cire. Dessinez maintenant deux gros yeux avec un crayon bien noir sur la coquille de l'œuf vide, comme l'indique le dessin. D'autre part, vous aurez confectionné un petit sac avec deux morceaux de flanelle rouge cousus selon la ligne pointillée de notre

figure : vous le lesterez avec du plomb de chasse et vous
y ferez pénétrer la moitié de l'œuf, le petit trou devant
être dans l'intérieur du sac. Vous collez le bord du sac
sur la coquille à l'aide de cire à cacheter rouge, et voilà
votre poisson construit. Les deux morceaux de flanelle
pourront être découpés comme l'indique le dessin ;
mais vous serez libres de varier la forme et le nombre
des nageoires, de manière à donner à votre poisson une
forme plus ou moins fantastique, celle du *télescope de
la Chine*, par exemple.

Quelle que soit sa forme, il constituera un excellent
ludion, que vous ferez monter et descendre dans un bocal plein d'eau, fermé par une membrane de caoutchouc
ou toute autre substance imperméable.

Vous aurez réglé le poids du lest de manière que votre
poisson flotte à la surface, mais qu'une très légère
poussée de la main le fasse descendre au fond du vase.
Dès lors, en maintenant la main sur la membrane et en
pressant légèrement sur le liquide, l'eau pénétrera dans
l'œuf par son petit trou et le rendra plus lourd ; alors
le poisson augmentera de poids et plongera. En ces-
sant la pression de la main, l'air que le liquide avait
comprimé en pénétrant dans l'œuf se détendra et chassera le liquide qui s'y était introduit : le poisson ainsi
allégé remontera à la surface et aura l'air d'obéir à
votre commandement, les mouvements de pression de
votre main restant imperceptibles pour les spectateurs.

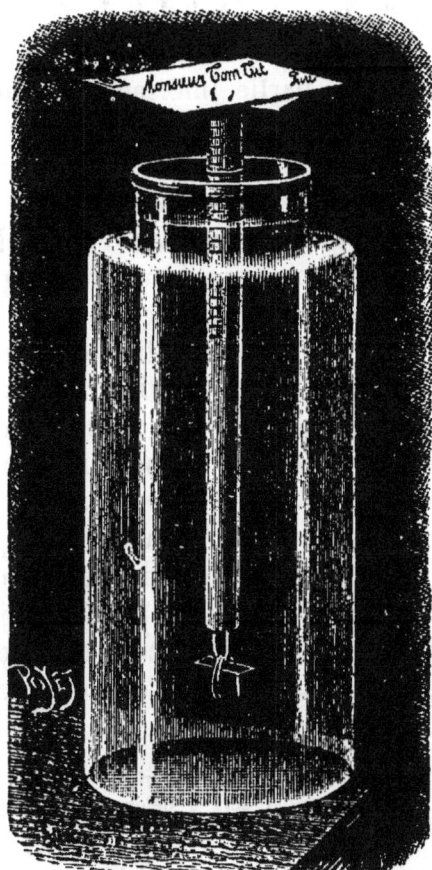

Peser une lettre avec un manche à balai

Pour peser des objets légers, tels qu'une lettre, il faut une balance d'une assez grande précision ; c'est à ce titre que nous recommandons à nos lecteurs

6

notre pèse-lettres fabriqué avec un manche à balai.

Sciez un bout de manche à balai de $0^m,30$ de longueur environ, et plongez-le dans un bocal plein d'eau
après l'avoir lesté à sa partie inférieure de façon qu'il
plonge d'environ $0^m,20$ dans le liquide. Fixez au sommet,
à l'aide d'un petit clou, une carte de visite qui sera le
plateau de l'appareil, et voilà votre pèse-lettres construit.
Il ne vous reste plus qu'à le graduer. Pour cela, posez
sur le plateau trois sous, représentant un poids de
15 grammes; votre appareil enfoncera d'une certaine
quantité et vous marquerez, par un trait de crayon bien
noir, la ligne d'affleurement du liquide. Il y aura avan-
tage à vernir ou à peindre ce morceau de bois, pour
éviter qu'il ne s'alourdisse par l'absorption du liquide.

L'appareil étant ainsi gradué, retirez les sous, et
mettez sur le plateau la lettre que vous désirez peser. Si
le trait de crayon reste au-dessus du niveau de l'eau,
la lettre pèse moins de 15 grammes et l'affranchissement
simple à 15 centimes suffira. Si, au contraire, le trait de
crayon plonge dans le liquide, le port doit être doublé (1).

---

(1) Comparer avec notre morceau de bois l'appareil connu en physique sous
le nom d'*aréomètre de Nicholson*, qui sert à déterminer non seulement le
poids d'un corps, par la méthode de la double-pesée, mais encore la densité
des corps solides, insolubles dans l'eau.

Les aréomètres à poids constant, tels que celui de Baumé, de Gay-
Lussac, etc., servent à déterminer la densité des liquides. Le même principe a été
appliqué aux appareils employés couramment dans la vie usuelle : pèse-vin,
pèse-sirop, pèse-lait, etc.

Le Scorpion de camphre.

PLACEZ à la surface de l'eau contenue dans une cuvette des morceaux de camphre d'inégale grosseur et reproduisant la forme d'un animal quelconque, un scorpion, par exemple. Au bout de quelque temps le scorpion commence à se mouvoir dans le liquide ; vous le voyez agiter ses pattes, comme s'il essayait de nager, et replier convulsivement sa queue.

Cette amusante expérience est bien simple et peu coûteuse, le camphre se trouvant dans tous les ménages ; malgré cette apparente simplicité, vous allez voir, qu'elle

peut être pour nous l'objet de quelques remarques intéressantes :

1° Notre scorpion nage sur l'eau, mais en y plongeant
presque entièrement: cela nous prouve que la *densité* du
camphre est inférieure à celle de l'eau, mais qu'elle en
est très voisine; cette densité est en effet de 0,995, celle
de l'eau étant prise pour unité.

2° L'animal ne fond pas dans le liquide : le camphre
est donc insoluble dans l'eau; si nous l'avions mis dans
l'alcool, nous aurions constaté, au contraire, que l'alcool dissout le camphre.

3° Les divers morceaux composant notre scorpion res-
tent juxtaposés à la place où nous les avons mis, et semblent être collés les uns aux autres; c'est qu'ils sont
reliés entre eux par la force connue sous le nom de
cohésion.

4° Enfin, si le scorpion exécute sur l'eau les mouvements si curieux dont nous venons de parler, cela tient
à la propriété bien connue du camphre de se déplacer à
la surface de l'eau sur laquelle il flotte. Nous savons en
effet qu'un petit morceau de camphre posé dans un verre
d'eau possède au bout de quelques instants des mouvements de translation et de rotation sur lui-même, mouvements dus, selon les uns, au recul produit par un
dégagement de vapeurs, selon les autres à une force
mystérieuse appelée *tension superficielle* et résidant à la
surface des liquides (1).

---

(1) Cette mobilité du camphre dans l'eau nous servira à faire fonctionner le
curieux jouet *Les Valseurs infatigables*. (Voir vol. III, p. 37.)

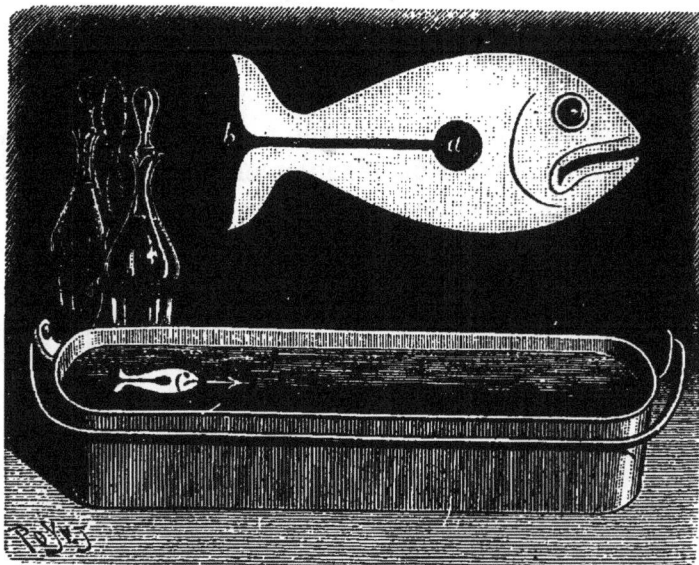

Faire nager sur l'eau un poisson en papier.

ÉCOUPEZ dans du papier ordinaire un poisson semblable à celui qui est représenté dans notre dessin en grandeur naturelle; au centre, vous pratiquerez une ouverture circulaire a, communiquant avec la queue par un étroit canal ab; mettez de l'eau dans un récipient allongé (la poissonnière ira très bien) et posez le poisson sur le liquide, de manière que la face inférieure soit complètement mouillée, celle de dessus restant complètement sèche. Proposez alors à l'assistance de faire mouvoir l'animal, et cela sans le toucher et sans souffler dessus. Voici ce qu'il vous faudra faire :

versez délicatement une grosse goutte d'huile dans le vide *a*; cette huile cherchera à se répandre à la surface du liquide, mais cela ne lui est possible que si elle s'en va par le petit canal *ab*. Par un effet de réaction dont nous avons déjà donné des exemples, le poisson sera poussé en sens inverse de l'écoulement de l'huile, c'est-à-dire en avant, et le mouvement durera assez longtemps pour que les spectateurs puissent contempler avec étonnement le mouvement d'un simple morceau de papier à la surface du liquide sans pouvoir se rendre compte, s'ils n'ont pas été prévenus, de la cause de ce mouvement.

Les Figures magiques.

ESSINEZ sur un petit carré de papier blanc ordinaire ou de papier à lettres une figure géométrique quelconque : carré, rectangle, triangle, poly-
gone, etc., en vous servant, pour le tracé, d'un crayon
trempé dans l'eau.

Faites flotter sur l'eau d'une cuvette votre papier, le
dessin en dessus, et remplissez d'eau la figure tracée, ce
qui sera facile avec quelques précautions: les traits hu-
mides servant à limiter votre dessin (un triangle, par
exemple) empêcheront le liquide de couler au delà des
lignes tracées.

Prenez maintenant une épingle, et, plaçant la pointe à un endroit quelconque du triangle, de façon que cette pointe pénètre dans l'eau, mais sans toucher le papier, vous verrez le papier se mettre en mouvement dans une certaine direction *jusqu'à ce que le centre géométrique du triangle vienne se placer exactement au-dessous de la pointe de votre épingle.* Il vous est facile de déterminer par avance le point A, centre de figure du triangle, et de constater que le papier marchera dans le sens de la flèche, jusqu'à ce que A vienne se placer sous la pointe de l'épingle. Le papier s'arrête à ce moment de lui-même.

Répétez l'expérience avec un carré ou un rectangle; vous constaterez que le point qui se trouve sous la pointe au moment où le papier s'arrête est exactement le point de rencontre des deux diagonales. Si vous avez dessiné sur votre papier les contours de la carte de France, en ayant soin de mouiller votre crayon, et que vous fassiez flotter ce papier en couvrant d'eau la surface de cette carte, vous verrez, en plaçant l'épingle en un point quelconque, que la carte se mettra en mouvement jusqu'à ce qu'un certain point vienne se mettre sous l'épingle. Marquez ce point, et vous constaterez qu'il correspond sur la carte à l'emplacement de la ville de Bourges. Voilà une curieuse manière de démontrer que la ville de Bourges est placée au centre de la France.

Métamorphoses d'une Bulle de savon.

AITES une eau de savon très forte, avec du savon blanc de Marseille et de l'eau tiède : il faut opérer par une température de 15° environ ; passez cette eau à travers un torchon pour y retenir les parcelles de savon non dissoutes, et mélangez-y de la glycérine pure, dans les proportions de deux cinquièmes de glycérine pour trois cinquièmes d'eau de savon. Agitez le tout pour bien opérer le mélange, et placez le vase qui le contient dans un lieu tranquille, jusqu'à ce que vous voyiez se former à la surface du liquide une croûte blanchâtre. Enlevez cette croûte et décantez le liquide

clair dans un flacon que vous boucherez et où il se con-
servera indéfiniment.

Voici quelques expériences très simples qu'il est facile d'exécuter avec le liquide ainsi obtenu. Pour souffler
une bulle, vous emploierez soit une pipe en terre, soit
un brin de paille dont vous aurez fendu en quatre une
extrémité, en repliant à angle droit les parties fendues,
comme l'indique notre dessin. Vous pourrez aussi opérer
avec un tube de papier, de la grosseur du doigt, dont
le bout aura été fendu comme pour la paille. Avec ce
tube, vous obtiendrez parfois des bulles de la grosseur de
votre tête et parées des couleurs les plus chatoyantes.

En confectionnant avec du gros fil de fer un petit
support formé d'un anneau porté sur trois pieds, vous
pourrez, après avoir mouillé l'anneau avec le liquide
glycérique, en approcher l'extrémité inférieure de votre
bulle, qui s'y collera en abandonnant votre tube ; la bulle
ainsi placée sur ce support, à l'abri de tout courant
d'air, s'y maintiendra, sans se crever, pendant un temps
assez long.

Vous aurez confectionné, d'autre part, un second
anneau de fil de fer maintenu par une tige verticale, et
qui doit avoir, comme l'anneau du support, environ
7 centimètres de diamètre ; après avoir mouillé cet anneau avec le liquide glycérique, si vous l'approchez du
dessus de la bulle, vous verrez celle-ci se coller à l'anneau supérieur avec assez de force pour que, en éle-
vant l'anneau supérieur, elle se transforme en un corps
se rapprochant de plus en plus de la forme d'un cylindre
droit ou oblique, selon que l'anneau supérieur est ou
non au-dessus de l'anneau inférieur.

Ce cylindre redevient une sphère si vous abaissez progressivement la main, et rien n'est plus curieux que de
voir la bulle de savon prendre deux formes géométriques différentes, comme s'il s'agissait d'une substance
malléable.

Pour continuer les expériences, il faut maintenant
joindre à votre matériel un petit cube en fil de fer, de
7 centimètres de côté, et suspendu à une tige, comme
l'indiquent nos figures. Le fil de fer devra être rouillé,
afin de ne pas présenter une surface trop lisse.

Plongez complètement votre cube dans le liquide glycérique; si vous le retirez avec précaution, une surprise vous attend : vous voyez au centre une lame d'eau
très mince et de forme carrée, dont chaque côté est réuni
au côté correspondant du cube par une lame liquide,
comme l'indique le cube de droite en haut de notre dessin.

Si vous replongez seulement la face inférieure du
cube dans le liquide, vous constaterez une nouvelle trans-
formation : le liquide aura formé à l'intérieur du cube
de fil de fer un petit cube dont les faces sont en eau de
savon, et dont les côtés sont réunis par des plans d'eau
de savon aux côtés du grand cube; ces plans forment
avec les faces du petit cube six pyramides tronquées
parfaitement régulières, et le tout, comme pour les bulles
de savon, présente les couleurs irisées de l'arc-en-ciel.
Crevez maintenant, avec du papier buvard, une des
faces de ce petit cube, et la première figure, dans
laquelle le cube central est réduit à un carré, reparaîtra
aussitôt (1).

_____

(1) Voir la série des expériences sur les *lames liquides* et les *bulles de savon*
à la 3e partie de notre 3e volume.

Les Aiguilles et les Épingles flottantes.

ETEZ sur du verre une goutte d'eau, elle s'y éten-
dra; jetez-y une goutte de mercure, elle y restera
en boule. Ces deux phénomènes sont dus à ce que l'eau
mouille le verre, et que le mercure ne le mouille pas.

Prenez maintenant une épingle bien sèche ; c'est un
corps que l'eau peut mouiller, mais moins facilement

que le verre ; supposez que, par un moyen ou par un autre, vous arriviez à la poser assez doucement sur l'eau pour que ce liquide ne la mouille pas, vous verrez alors l'eau prendre des deux côtés de l'épingle une forme convexe, et celle-ci déplaçant un volume d'eau suffisant, vous la verrez flotter à la surface du liquide comme le ferait une allumette.

La même expérience peut se répéter avec une aiguille, et ne croyez pas qu'il s'agisse seulement d'aiguilles et d'épingles très fines : avec les précautions que je vais vous indiquer, vous parviendrez à la réussir avec une grosse épingle de blanchisseuse, ou avec une aiguille à repriser. Je n'ai donc plus qu'à vous indiquer comment on peut poser l'épingle sur l'eau assez doucement pour que l'eau ne la mouille pas.

Vous pourrez d'abord suspendre l'épingle ou l'aiguille sur deux boucles de fil, que vous retirerez délicatement lorsque l'épingle flottera. Mais ceci demande un peu d'attention pour éviter que les fils enlevés ne touchent l'épingle.

Vous pourrez encore, avec beaucoup d'adresse, tenir l'épingle par la pointe et la coucher sur l'eau pour ne la lâcher que lorsqu'elle se confondra avec son image. Ce procédé, je le répète, demande une main très sûre.

En voici un plus simple, qui consiste à placer l'épingle sur une fourchette, qu'on enfonce dans l'eau en la relevant doucement dans la position verticale. Ce moyen est bien plus pratique que les deux précédents, mais demande encore un peu d'exercice.

Enfin, pour terminer, voici un moyen absolument simple, qui permet à un enfant de réussir cette jolie expérience. Il suffit de poser sur l'eau une feuille de papier à cigarettes, de placer l'épingle dessus, de laisser ce papier tomber au fond lorsqu'il aura été peu à peu imbibé par le liquide, et l'épingle flottera sur l'eau sans aucune difficulté. On pourra enlever doucement le papier, afin de cacher aux spectateurs le stratagème que l'on a employé.

Grâce au procédé du papier, on peut arriver à faire flotter sur l'eau une pièce de 5 francs en or ou une pièce de 20 centimes (1).

La Boussole économique.

Aimantez une aiguille, en frottant sa pointe contre un aimant, et faites-la flotter sur l'eau par un des procédés indiqués ci-dessus, vous aurez là une des meilleures boussoles qui existent, la partie aimantée indiquant exactement le Nord.

Voilà une boussole qui ne coûte pas cher de fabrication et que nous utiliserons dans une prochaine expérience.

---

(1) Ces quatre expériences, reproduites dans divers ouvrages, ont été publiées pour la première fois par l'auteur dans le journal *Le Chercheur*.

L'Abordage de deux cuirassés.

Vous pouvez exécuter en petit, dans votre verre d'eau, l'abordage de deux vaisseaux cuirassés, réalisé par deux épingles, ce qui exclut toute idée d'aimantation.

Faites flotter deux épingles au lieu d'une, et, en soufflant dessus, éloignez-les le plus possible l'une de l'autre.

Lorsque l'eau sera au repos, vous les verrez se diriger l'une vers l'autre, lentement d'abord, puis plus vite; enfin, elles fondront l'une sur l'autre avec furie, et se colleront bord à bord, à moins que la violence du choc ne les ait précipitées au fond du verre.

C'est encore un phénomène de capillarité qui se produit ici : les deux corps flottants s'attirent parce que tous deux sont mouillés; deux balles de liège, mouillées par l'eau, s'attireraient de même; mais si nous enduisions l'une d'elles de noir de fumée, non mouillé par l'eau, nous les verrions se repousser.

La Rotation de la Terre.

ORSQUE vous mangerez des œufs à la coque, n'oubliez pas d'essayer l'expérience suivante, qui réussit toujours et amuse beaucoup les assistants.

Humectez légèrement d'eau la bordure de votre assiette, dessinez avec le jaune de l'œuf (vous voyez que la couleur n'est pas loin) un soleil aux rayons d'or au centre de cette assiette, et vous voilà muni d'un appareil suffisant pour expliquer à un enfant le double mouvement de notre planète, qui tourne sur elle-même en tournant autour du soleil. Vous n'aurez pour cela qu'à poser votre morceau de coquille sur la bordure de l'assiette : en inclinant convenablement celle-ci par un petit mouvement du poignet, vous verrez la coquille se mettre

7

à tourner rapidement sur elle-même, tout en se déplaçant autour de l'assiette.

La légère cohésion produite par l'eau qui mouille l'assiette empêche la coquille de s'échapper au dehors, par suite de la force centrifuge (1).

_____

(1) En collant au centre de la coquille un petit personnage en papier découpé, on le voit valser tout autour de l'assiette. De là l'invention du jouet appelé « le Tom Tit », qui représente une petite ballerine faisant des pirouettes.

Plusieurs coquilles, portant chacune un couple de valseurs en papier, peuvent évoluer sur un grand plateau légèrement mouillé ; on a ainsi la reproduction d'un bal en miniature du plus curieux effet.

**Faire flotter verticalement des bouchons
de liège.**

NE cuvette ou un baquet d'eau et sept bouchons,
voilà tout le matériel nécessaire pour cette expérience; j'espère qu'elle n'en sera pas moins intéressante pour nos lecteurs, à qui je propose de *faire flotter
ces bouchons sur l'eau, mais en les maintenant dans la*

position verticale. Nous savons tous que la forme des
bouchons de bouteille, qui est celle d'un cylindre
allongé, les force, lorsqu'ils flottent, à se coucher sur le
liquide, l'axe du cylindre ayant une position horizontale; comment ferons-nous donc pour les faire rester
debout?

Mettez l'un des bouchons debout sur une table; entourez-le des six autres bouchons, qui seront également
debout; saisissez tout le système avec une main, et
plongez-le dans l'eau de façon à mouiller complètement
les bouchons; retirez-les en partie de l'eau, et aban-
donnez-les à eux-mêmes. L'eau qui a pénétré par capillarité entre les bouchons mouillés les maintiendra
soudés entre eux, et, bien que chaque bouchon soit
dans un équilibre instable, l'ensemble ainsi obtenu sera
stable, la largeur de notre radeau improvisé étant plus
grande que la hauteur d'un bouchon.

Cette récréation, qui nous démontre la cohésion produite par un phénomène capillaire, vient nous prouver
une fois de plus la vérité de notre vieil adage : « *L'u-
nion fait la force* (1). »

---

(1) Dans les tubes de thermomètres dits *tubes capillaires*, le niveau du
liquide n'est pas horizontal ; avec de l'alcool, qui mouille le verre, il se forme
un *ménisque concave;* avec le mercure, qui ne le mouille pas, le ménisque est
convexe.

La capillarité joue un rôle important dans les mouvements de la sève chez
les végétaux.

**Le Tourniquet hydraulique fait avec une noix
et deux noisettes.**

N brin de paille de seigle, une noix, deux noisettes, voilà tout ce qu'il faut pour construire l'appareil. Coupez le bout de la noix opposé à l'extrémité

pointue, videz-la, mangez-la, si le cœur vous en dit,
puis percez de part et d'autre, et à proximité de la
pointe, deux trous bien ronds, ayant exactement le
diamètre de votre paille. Creusez dans une noisette deux
trous, l'un dans la partie plate et grisâtre opposée à la
pointe, l'autre, plus petit, sur le côté, et videz la noisette
de son amande au moyen d'un petit bout de fil de fer,
recourbé en crochet. Faites aussi deux trous, de la même
manière, dans une seconde noisette, et réunissez les
deux noisettes à la noix au moyen de deux bouts de votre
paille, de 10 centimètres de longueur environ, enfoncés
d'une part dans les trous de la noix, de l'autre, dans les
trous pratiqués à la partie plane des noisettes. Dans les
deux trous latéraux des noisettes enfoncez deux petits
bouts de paille de 2 centimètres de longueur et d'un plus
petit diamètre que les tubes principaux.

Cela fait, placez la pointe de la noix sur le bouchon
d'une bouteille ; le système se tiendra en équilibre, et si,
à ce moment, vous faites couler dans la noix un mince
filet d'eau, cette eau s'écoulera par les deux pailles
dans les noisettes, d'où elle s'échappera au dehors par
les petits ajutages latéraux, en provoquant la rotation
de l'appareil, par suite de la réaction de l'eau contre
les faces des noisettes opposées aux orifices de sortie.
C'est le phénomène bien connu du *tourniquet hydraulique*, que l'on voit dans tous les traités de physique ;
mais la construction rustique que nous en donnons
aujourd'hui nous a semblé digne d'être indiquée à nos
lecteurs.

Pour faire les trous dans la noix et les noisettes, il
faut prendre quelques précautions, afin de ne pas faire

éclater les coquilles et surtout de ne pas casser la
pointe du canif ; le mieux est de prendre un fil de fer
rougi au feu, qui permet d'élargir graduellement les
trous jusqu'au diamètre voulu(1).

Quel que soit le procédé choisi, cela demande un peu
d'adresse et de patience ; mais rappelons-nous que c'est
à propos d'une noix que le fabuliste a dit :

Sans un peu de travail, il n'est point de plaisir.

(1) Pour les travaux à exécuter avec des coquilles de noix, voir l'album
Pour amuser les Petits, qui contient des instructions sur la manière de
couper et de percer les coquilles de noix sans l'emploi du canif.

dans lequel vous fixerez l'extrémité d'un brin de paille
de seigle d'environ 40 centimètres de longueur. A l'autre
extrémité de cette paille, en A (voir la figure de droite
du dessin), vous collerez, avec un peu de cire à cacheter,
un autre brin transversal, percé en son milieu d'un trou
qui le fera communiquer avec le tube vertical. Les extrémités de ce tube transversal auront été bouchées à la
cire, et vous aurez percé, sur deux côtés opposés, deux
trous correspondant à deux petits brins de paille de 2 centimètres de longueur, collés à la cire et servant d'ajutages. Taillez en biseau les extrémités de ces ajutages,
pour faciliter la sortie de l'air et, par suite, l'écoulement
du liquide.

Reliez votre bouchon à un petit disque de métal (un
bouton, par exemple) au moyen de trois fils attachés à
ses bords, suspendez le bouton par son centre à un fil
vertical et mettez-le sous un mince filet d'eau : l'eau
s'écoulera par les deux ajutages, et, comme ceux-ci sont
disposés à l'opposé l'un de l'autre, tout l'appareil se
mettra à tourner, dans le sens des flèches, avec une
grande vitesse, par l'effet de réaction dont nous venons
de parler au chapitre précédent.

Pour éviter les difficultés des assemblages collés avec
de la cire, vous pourrez faire l'assemblage à l'aide de
trois petits bouchons, comme l'indiquent les coupes
figurées au milieu de notre dessin.

Le bouchon du milieu, percé par deux trous à angle
droit, recevra la paille verticale A' et deux pailles transversales horizontales B'. Deux bouchons plus petits ser-
viront à relier les ajutages à ces deux traverses B'.

Enfin, si la paille ne nous semble pas assez solide,

nous pourrons la remplacer par un mince tube de cuivre, comme, par exemple, celui qui sert aux tringles de rideaux dites à coulisse. Le bout du tube qui pénètre dans le récipient supérieur sera coupé et replié comme on le voit en C′, et suspendu à un fil de fer autour duquel l'ensemble de l'appareil tournera. Vous pourrez mettre quatre tubes transversaux au lieu de deux; en repliant légèrement leurs extrémités, comme l'indique le dessin, vous supprimerez les ajutages. Suspendez l'appareil ainsi modifié au-dessus de la table, après avoir éteint la lampe; versez du rhum chaud dans le godet formé par le bouchon; allumez à la sortie les minces filets de liquide qui sortiront en tourbillon lumineux: ils retomberont en pluie de feu sur le plum-pudding ou l'omelette que l'on vient de placer au-dessous, et vous verrez l'effet produit sur vos invités par cette pyrotechnie d'un nouveau genre!

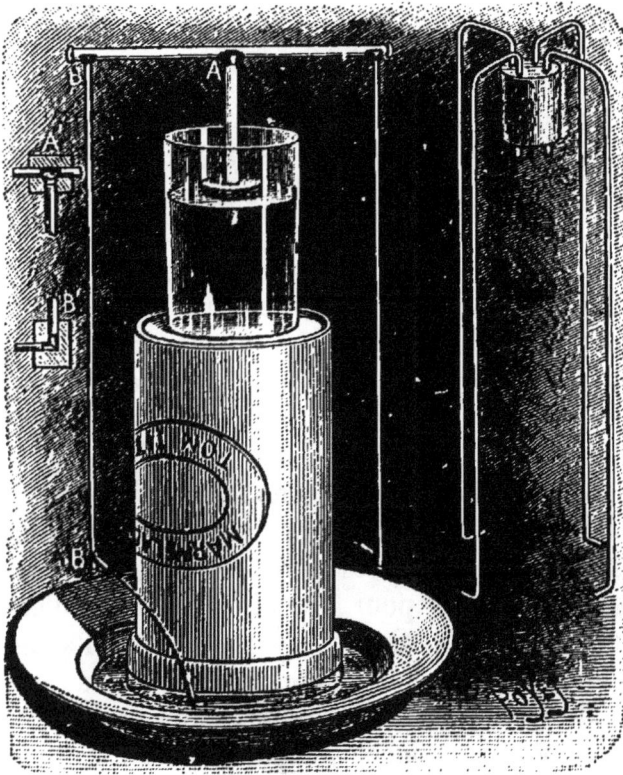

Le Tourniquet-Siphon.

UNE paille centrale enfoncée dans un large bouchon à moutarde supporte une paille transversale de même grosseur; les deux pailles pendantes sont plus minces. Elles sont reliées par des joints à la cire B, d'une part avec la paille horizontale supérieure, de l'autre avec deux petits ajutages représentés sur le dessin. Les deux bouts des pailles pendantes et ceux de la paille transversale sont bouchés avec de la cire.

L'appareil ainsi construit réalise, croyons-nous, une nouveauté scientifique des plus intéressantes, car il réunit les *propriétés du tourniquet et celles du siphon.* Après avoir posé le bouchon sur l'eau contenue dans un vase, ce qui fait tremper dans le liquide le bout de la paille centrale, on aspire à deux personnes, chacune à l'un des ajutages, et, dès que l'écoulement commence, tout l'appareil se met à tourner en vidant le vase peu à peu, jusqu'à ce que la paille transversale soit descendue assez bas pour venir se poser sur le bord du vase.

En alimentant ce vase d'eau d'une façon continue, de façon à maintenir le niveau constant, l'appareil fonctionne indéfiniment. Ce principe pourra rendre de grands services aux hydrauliciens pour obtenir des effets d'eau sans aucun mécanisme. On peut, comme nous l'avons indiqué pour un précédent appareil, faire les assemblages à l'aide de bouchons A′ B′ pour remplacer la cire; on peut également remplacer les pailles, trop fragiles, par des tubes de cuivre très minces repliés comme l'indique la figure de droite de notre dessin, et enfoncés dans le même bouchon; cette disposition permet d'employer un nombre quelconque de tubes, et la même personne peut les amorcer tous successivement. Si vous adoptez la paille, coupez en biseau les extrémités des ajutages pour faciliter la sortie de l'air; si vous préférez le métal, aplatissez légèrement les orifices de sortie du liquide pour en diminuer la section et diminuer la vitesse de l'écoulement.

Le Diable au champagne.

À la fin d'un joyeux repas arrosé de champagne, au moment où le vin et la gaieté pétillent, proposez à vos convives de faire apparaître le diable, et cela sans avoir recours aux invocations des sorciers et magiciens du moyen âge. Il vous suffira de tailler dans le carton bristol de l'un des menus une bande d'environ 2 centimètres de largeur, en ménageant à l'une des extrémités un petit rectangle, dans lequel vous découperez un diablotin plus ou moins artistique. Fixez cette bande, par une épingle, au bouchon d'une bouteille, de façon que la bande de carton ou levier supportant la figure oscille autour de l'épingle, la partie qui porte le diable se trouvant être la plus longue. Prenez maintenant dans le compotier un raisin de Malaga bien sec, que vous suspendrez par un fil à l'autre bout du levier, et faites tomber le raisin au fond de votre verre plein de champagne. Vous aurez calculé la longueur du fil de manière que le levier soit à peu près horizontal. Devant la bouteille supportant l'appareil, placez une serviette posée sur deux autres bouteilles, et qui masquera aux yeux des spectateurs votre verre, ainsi que le fil et le raisin. Le public ne doit pas, en effet, connaître la simplicité du moyen employé.

Les bulles de gaz (l'acide carbonique) qui se dégagent du vin de champagne viendront se grouper tout autour du raisin, qu'elles rendent de plus en plus léger, et au bout de quelques secondes d'immersion celui-ci montera à la surface du liquide. Le fil n'étant plus tendu, le poids de la figure fera pencher le levier de son côté, et le diable disparaîtra derrière la serviette. Sa hauteur doit donc, comme on le voit, être égale ou inférieure à la hauteur du vin dans le verre. Une fois le raisin amené à la surface, les bulles d'acide carbonique crèvent dans l'air; le raisin, n'étant plus soutenu par ces flotteurs éphémères, replonge dans le vin de plus belle, tire sur le fil, et Satan reparaît. Ce mouvement alternatif du raisin dure pendant plus de dix minutes, que l'on se serve de champagne ou tout simplement d'eau de Soltz.

Si quelques-unes de nos expériences offrent dans leur exécution une certaine difficulté, nos lecteurs ne pourront pas faire le même reproche à celle-ci, et les bébés à qui elle est dédiée s'amuseront probablement beaucoup en criant au petit diable, leur confrère : « Coucou ! ah ! le voilà ! »

votre verre se trouvera plein d'acide carbonique qui se
sera dégagé de l'eau de Seltz et qui, déplaçant l'air du
verre, se maintient au fond de celui-ci en vertu de sa
grande densité. (On sait que l'acide carbonique est deux
fois plus lourd que l'air.)

Recouvrons notre verre d'une soucoupe, pour empêcher la diffusion de l'acide carbonique dans l'air, et
nous voilà prêts à exécuter les expériences suivantes
avec des bulles de savon :

1° Préparez le liquide dont nous avons indiqué la
composition pour les *Métamorphoses d'une bulle de
savon* (page 89), et, à l'aide d'une paille fendue en
quatre, soufflez une bulle, que vous laisserez tomber
dans votre verre B plein d'acide carbonique. Dès qu'elle
arrivera à la couche de gaz, vous la verrez rebondir hors
du verre, sous l'action d'une poussée supérieure à son
poids, tandis qu'une autre bulle, placée dans un verre A
non préparé, ira se briser au fond de ce verre.

2° En posant doucement votre bulle sur la surface
de la couche d'acide carbonique, vous serez témoin
d'un phénomène curieux : votre bulle grossit, augmente
de poids et s'enfonce dans le verre, tout en augmentant
de diamètre comme on le voit en C, jusqu'à ce qu'elle
vienne se briser contre les parois de ce verre. Cela tient
à ce que l'acide carbonique s'introduit dans la bulle
par endosmose, ce qui augmente le volume et le poids
de la bulle primitivement pleine d'air. Si vous ne pouvez
vous procurer le liquide glycérique (liquide de Plateau),
vous vous contenterez d'une bonne eau de savon (1).

_____

(1) Voir vol. II, pages 37 et 39, deux expériences relatives à la densité de
l'acide carbonique.

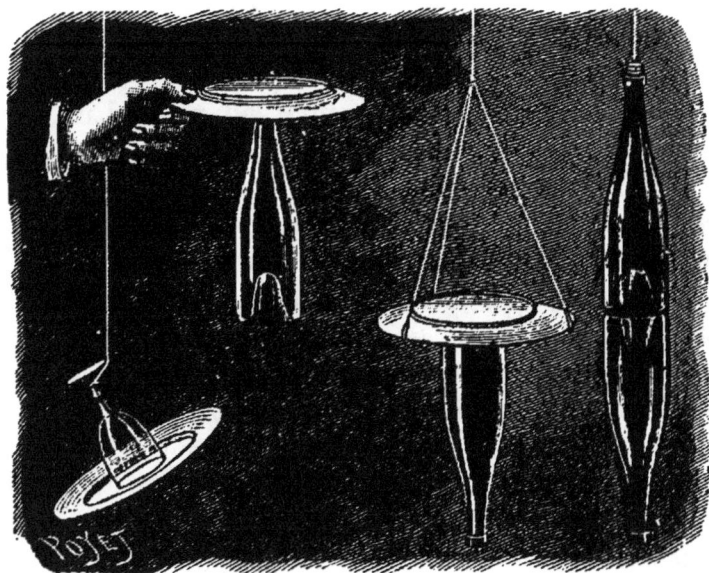

La Pression atmosphérique fixant les bouteilles aux assiettes.

OTRE dessin ressemble fort aux prospectus des fabricants de ciment pour recoller le verre et la porcelaine ; mais ce n'est pas de colle que nous nous servirons pour faire adhérer les uns aux autres les assiettes, verres et bouteilles qu'il représente. Nous utilisons simplement la *pression atmosphérique*, et les diverses expériences que nous allons indiquer ne sont autres ·que des variantes de l'expérience classique des hémisphères de Magdebourg.

Comme nous n'avons pas à notre disposition de machine pneumatique, nous ne pouvons produire qu'un vide partiel; mais ce vide suffira pour les différents cas que nous allons examiner.

Le verre et l'assiette. — Suspendez au plafond un verre par son pied, et faites brûler au-dessous un morceau de papier: l'air se dilatera par la chaleur, ce qui produira, par suite de son refroidissement, un vide relatif à son intérieur; ce vide partiel sera suffisant pour que la pression atmosphérique fasse adhérer contre le verre une assiette en porcelaine, que vous aurez solidement maintenue contre le verre avant le refroidissement de l'air chaud qu'il contenait. Vous empêcherez l'introduction de l'air extérieur en enduisant légèrement de suif les bords du verre.

L'assiette et la bouteille. Les deux bouteilles soudées. — La surface du goulot de la bouteille étant faible, cette expérience est assez délicate à réussir; on y parvient cependant en faisant dans la bouteille le vide le plus parfait possible : vous n'avez pour cela qu'à placer le goulot de votre bouteille au-dessus d'une bouillotte d'eau en ébullition; une fois la bouteille pleine de vapeur d'eau, vous l'appliquerez, après en avoir graissé les bords, contre l'assiette, et lorsque le refroidissement a produit un vide suffisant, vous vous apercevez qu'en enlevant l'assiette, la bouteille y reste adhérente.

Les deux bouteilles soudées par leur fond, et la bouteille collée par son fond à l'assiette sont des expériences plus faciles à réussir ; cette fois, c'est le fond des bouteilles que vous maintiendrez un instant au-dessus de la vapeur d'eau. Je ne puis entrer ici dans des calculs compliqués; il me suffira de montrer, par un seul exemple, que ces expériences n'ont rien qui doive surprendre. Rappelons-nous, en effet, que, par suite de la pesanteur de l'air (faisant équilibre à la colonne de 76 centimètres de mercure du baromètre), la pression exercée par l'atmosphère sur 1 centimètre carré est de 1 kilogr. 33. Donc, l'extrémité d'une bouteille offrant une surface d'environ 30 centimètres carrés, le fond dans lequel un vide complet aurait été produit pourrait supporter un poids de 30 kilogrammes.

Le Pendule émouvant.

ous savons que, si nous remplissons d'eau entièrement un verre à bordeaux et que nous le
couvrions d'une feuille de papier fort, de façon à éviter
l'introduction de bulles d'air, le papier adhérera aux

bords du verre, par suite de la pression atmosphérique,
assez fortement pour que nous puissions brusquement
retourner le verre sans voir le liquide s'en échapper.
Voici une application de ce principe :

Attachez un fil au centre du carton qui recouvre le
verre, en faisant traverser ce fil et en le retenant par
un nœud; puis bouchez le trou au moyen d'une boulette
de cire pour éviter toute rentrée d'air.

Suspendez le verre, au moyen de ce fil, à un crochet
fixé au plafond, et vous aurez ainsi un pendule, que
vous pouvez faire osciller assez fort sans que le verre
tombe. Non seulement on parvient à faire ainsi osciller
un petit verre pendant une journée entière, mais encore
on peut réussir l'expérience avec un grand verre contenant de l'eau et des gros sous.

Les opérateurs feront bien de graisser le bord du verre
avec du suif, pour augmenter son adhérence avec le
carton... et surtout de n'exécuter au début l'expérience
qu'avec un verre incassable.

Enlever un verre avec la main ouverte.

L s'agit d'élever en l'air un verre presque plein d'eau, en le faisant adhérer à la paume de la main tenue grande ouverte. Vous devinez que ce phénomène

est dû à un vide partiel existant au-dessous de la main,
mais vous seriez bien aise de savoir comment ce vide a
été obtenu.

Le moyen est des plus simples; le voici : Posez sur
une table votre verre et appliquez sur l'orifice la paume
de votre main, en ayant soin de plier les quatre doigts
à angle droit, comme l'indique la figure inférieure de
notre dessin.

Si maintenant, en continuant d'appuyer la paume de
la main sur le pourtour du verre, vous relevez brusquement les quatre doigts, de manière à avoir la main
étendue, vous aurez produit au-dessous de votre main
un certain vide, suffisant pour permettre à la pression
atmosphérique de combattre l'effet de la pesanteur, et le
verre d'eau, formant ventouse, restera adhérent à votre
main.

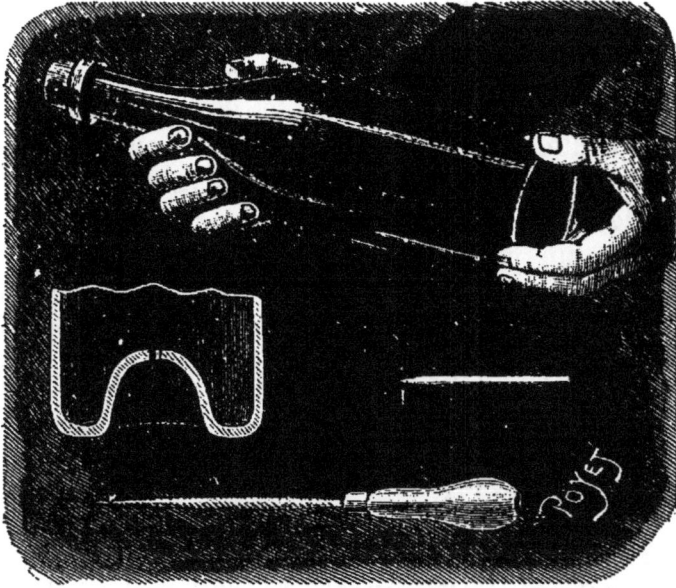

Le Clou dans la bouteille.

IL y a bien des amusements auxquels nous nous sommes livrés avec des bouteilles, et je vous proposerai aujourd'hui de prendre une bouteille pleine d'eau, de la boucher avec un bouchon recouvert de cire, puis d'introduire dans cette bouteille un gros clou, long comme le doigt, et cela sans ôter le bouchon !

Lorsque je vous aurai initiés au petit subterfuge qu'il faut employer, vous n'aurez plus de plaisir à voir exécuter l'expérience, mais vous aurez au moins celui de mystifier ceux de vos amis qui en seront les témoins.

Choisissez une bouteille en verre foncé et à fond très
relevé à l'intérieur, et pratiquez un trou rond au centre de ce fond, en secret bien entendu, et de la manière suivante : Tenant votre bouteille renversée, vous
ferez tomber dans le creux du fond, et d'une certaine
hauteur, la pointe d'une petite lime ronde connue sous
le nom de *queue-de-rat*. Au bout de quelques coups,
vous constaterez que vous avez creusé dans le fond de
votre bouteille un petit trou plus ou moins régulier.
Vous l'arrondirez en promenant la lime autour de ses
bords, de façon à obtenir un trou bien cylindrique, ayant
le diamètre du clou qu'il s'agit de faire entrer dans la
bouteille.

Vous vous demanderez peut-être ici en quoi l'introduction du clou peut paraître difficile : creuser un
trou dans un vase ou une bouteille et faire entrer un clou
par ce trou semble d'une simplicité enfantine; en quoi
l'expérience présente-t-elle un côté scientifique? — Il
me suffira de vous rappeler que notre bouteille n'est pas
vide, mais que nous l'apportons sur la table pleine d'eau
et bouchée. Nous aurons commencé par fermer avec
un bouchon le petit trou inférieur de la bouteille, puis
nous l'aurons remplie jusqu'au bord et bouchée avec
soin; à ce moment, nous pourrons ôter le bouchon du
petit trou sans qu'une seule goutte de liquide s'é-
chappe, puisque, aucune bulle d'air ne restant dans
la bouteille, l'écoulement ne saurait avoir lieu. Mais, en
nous voyant poser notre bouteille pleine d'eau sur la
table, aucun des spectateurs ne soupçonnera l'existence
du trou à la partie inférieure; dès lors, tenant le goulot
de la main droite et appuyant le fond sur la main gauche

où se trouve le clou, il nous sera facile d'introduire celui-ci en le laissant glisser, par le trou, dans la bouteille, que vous agiterez pour montrer que le clou se trouve bien réellement à l'intérieur. La couleur foncée du verre complétera l'illusion. Il est bon de limer la tête du clou pour n'avoir pas à faire un trou trop large dans la bouteille, ce qui, facilitant la rentrée de quelques bulles d'air, permettrait la sortie de quelques gouttes de liquide.

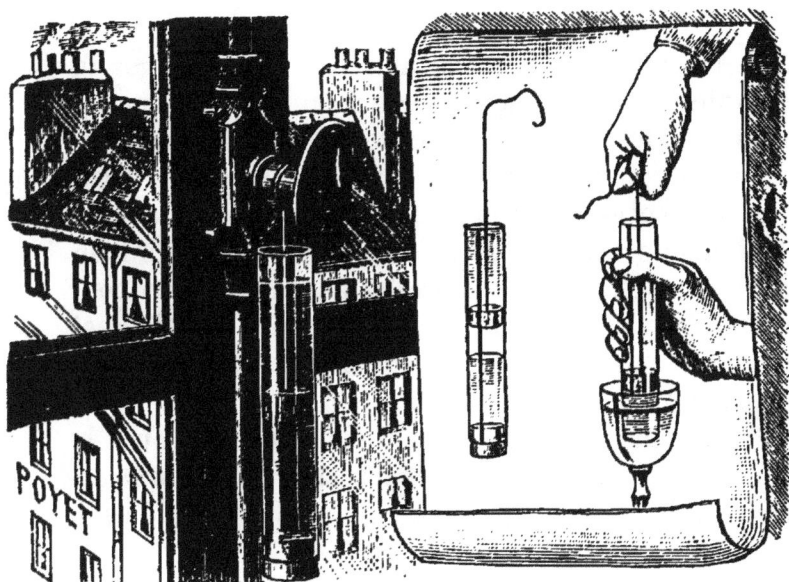

Ascension d'un verre de lampe.

OICI la manière de *faire monter un verre de lampe à la corde lisse.* Un verre de lampe bien cylindrique, deux gros bouchons ayant exactement le diamètre de ce verre et une ficelle, voilà tous les accessoires nécessaires; ils sont, vous le voyez, bien faciles à se procurer; mais, l'exécution de l'expérience présentant certaines difficultés de détail, je vais en décrire minutieusement les diverses phases :

1° Passez votre ficelle à travers l'un des bouchons que j'appellerai A, maintenez-la par un nœud et introduisez l'autre extrémité dans le verre; saisissez cette extré-

9

mité de l'autre côté, et tirez jusqu'à ce que le bouchon A commence à entrer dans le tube. Plongez la
partie ainsi bouchée dans un verre d'eau ; en tirant sur la
ficelle, vous ferez glisser A dans le tube comme un piston
dans un cylindre de pompe ; l'eau montera dans le verre
de lampe (Voyez la figure de droite de notre dessin);

2° Lorsque le bouchon A sera arrivé vers le milieu
du tube, bouchez ce tube sous l'eau avec le second bouchon B de manière à empêcher toute rentrée d'air, et
versez de l'eau dans la partie supérieure du tube, mais
sans le remplir ;

3° Suspendez le tube par la ficelle à un clou ou à la
poignée de la crémone, par exemple, et tirez *sans secousse* de haut en bas jusqu'à ce que le niveau de l'eau
arrive au bord supérieur de ce tube.

Ces trois opérations exécutées, vous n'avez plus qu'à
vous croiser les bras et à regarder ce qui va se passer.
Or, ce qui se passe est assez curieux : *le verre monte
lentement le long de la ficelle*, de manière à reprendre sa
première position, et le niveau de l'eau qui venait affleurer à sa partie supérieure se trouve maintenant bien
au-dessous.

A première vue, on se figure que le bouchon A est
redescendu ou que l'eau de la partie supérieure a traversé le bouchon ; mais en recommençant et examinant
de près les choses vous constaterez que c'est bien
le tube de verre qui remonte seul, car le bouchon A
pendu à la ficelle ne peut bouger de place, et, d'autre
part, l'eau n'a pu traverser le bouchon qui ferme her-
métiquement le tube.

La cause du phénomène est, du reste, bien simple :

lorsque vous tirez sur le tube pour le faire descendre, vous créez un certain *espace vide* entre le dessous du bouchon A et le niveau de l'eau qui est dans la partie inférieure du tube; par suite du vide ainsi créé, la pression atmosphérique s'exerce au dehors sur la base du bouchon B, et, le repoussant en l'air, force le tube à remonter avec lui, en glissant sur le bouchon A (1).

(1) Voir l'expérience *Descente d'une cruche d'eau*, vol. II, page 47.

compliqué ? Vous allez voir comme la solution en est simple.

Traversez un bouchon par deux trous dans lesquels vous fixerez *à frottement* deux brins de paille, l'un ayant pour longueur la profondeur du verre, l'autre ayant une longueur double. Avec une boulette de mie de pain ou de la cire, fermez l'orifice du petit brin, et enfoncez l'autre dans la bouteille remplie, jusqu'à ce que l'eau jaillisse par le bout de la grande paille.

Pour vider le verre, il suffit alors de renverser la bouteille, comme l'indique le dessin, de manière que la petite paille plonge jusqu'au fond du verre ; on coupe cette paille avec des ciseaux tout près de son extrémité bouchée, et aussitôt l'eau du verre s'écoule par la grande paille jusqu'à ce que le verre soit complètement vidé, et sans que la bouteille ait cessé d'être pleine.

Quant à l'explication du phénomène, la voici : les deux pailles forment les deux branches d'un siphon, qui n'a pas besoin d'être amorcé puisque ses branches sont pleines de liquide, et à mesure qu'une certaine quantité d'eau s'écoule par la grande paille, elle tend à créer dans la bouteille un certain vide. Ce vide est immédiatement comblé par une portion égale de liquide qui entre dans la bouteille par la petite paille, sous l'influence de la pression atmosphérique s'exerçant sur le niveau du liquide contenu dans le verre.

Le Bateau à vapeur.

EUX coquilles d'œufs vont nous permettre aujour-
d'hui de faire mouvoir un petit bateau de carton,
en le transformant en bateau à vapeur. La construction
du navire est des plus simples : vous le ferez avec du
carton de bristol un peu épais, collé avec de la cire à
cacheter, de façon à le rendre bien étanche. Des
épingles et du fil noir représenteront le bordage, et à
l'arrière vous disposerez un gouvernail oscillant autour

d'une épingle, et relié au bordage par deux fils iné-
gaux, afin d'avoir une certaine inclinaison par rapport
à l'axe du bateau ; ceci, dans le cas où votre océan sera
contenu dans un baquet, dont votre bateau doit faire le
tour.

Deux fils de fer, repliés comme l'indique notre figure,
et reposant chacun dans deux encoches pratiquées sur
les côtés de la coque, sont destinés à supporter une
coquille d'œuf que vous aurez vidée de son contenu en
l'aspirant par un petit trou pratiqué à la pointe, puis
remplie d'eau de façon que, l'œuf étant horizontal, le
niveau de l'eau vienne un peu au-dessous du petit trou.
L'œuf ainsi à moitié rempli d'eau constituera la *chau-
dière;* nous le poserons sur les deux fils de fer, le trou
regardant vers l'arrière ; ce trou devra être au-dessus
du niveau des bords du bateau. Comme foyer, plaçons
au-dessous une demi-coquille d'œuf posée au centre
d'un bouchon à moutarde évidé en forme d'anneau et
collé au fond du bateau avec de la cire ; cette demi-
coquille contiendra un peu de ouate.

Versons sur cette ouate de l'esprit-de-vin et mettons-y
le feu. Au bout de quelques secondes l'eau se met en
ébullition, et vous verrez un petit filet de vapeur sortir
par l'extrémité trouée de la coquille. Par suite de la *réaction* de ce jet de vapeur contre l'air, votre bateau se
mettra en mouvement dans le sens opposé à la sortie de
la vapeur, et vous aurez ainsi le spectacle d'un petit
navire à vapeur naviguant sans machine, sans roues et
sans hélice.

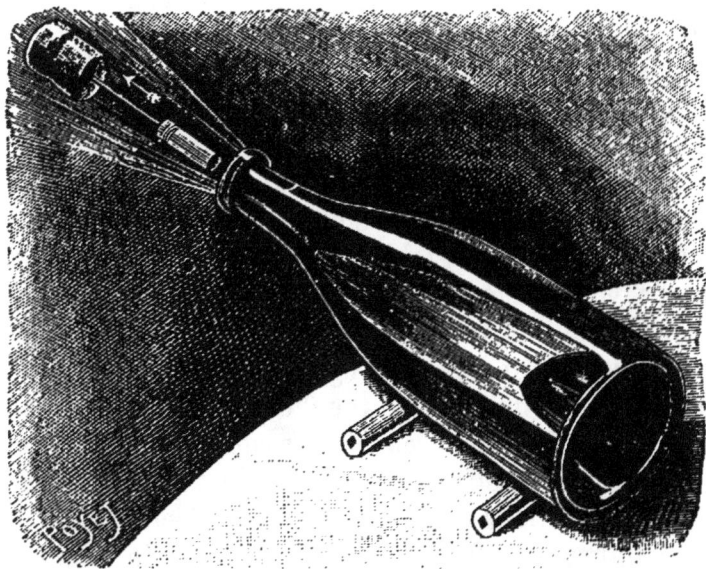

Le Coup de canon.

OULEZ-VOUS, à table, avoir l'émotion d'un coup de canon, entendre la détonation qui effraye les personnes nerveuses, voir filer l'obus avec la rapidité de l'éclair, et enfin assister au phénomène du recul des pièces d'artillerie ? Vous pouvez hardiment répondre : « Oui ! », car l'expérience que je vous propose est des plus innocentes, ainsi que vous allez en juger.

Prenez une bouteille vide en verre épais (la champenoise est ici tout indiquée) et mettez-y de l'eau jusqu'au tiers de sa hauteur. Faites dissoudre dans cette eau un

peu de bicarbonate de soude, contenu, vous le savez,
dans les petits paquets que l'on vend pour fabriquer l'eau
de Seltz. Vous mettrez la poudre de l'autre paquet (acide
tartrique) dans une carte à jouer roulée en cylindre et
vous boucherez l'un des bouts de ce tube avec un tam-
pon de papier buvard. Suspendez maintenant votre gar-
gousse ainsi fabriquée au bouchon de la bouteille, qui
est placée debout sur la table, en y piquant une épingle
à laquelle vous attacherez un fil; l'ouverture du tube
doit être en haut, et vous bouchez fortement la bouteille
avec le bouchon, après avoir réglé la longueur du fil de
façon que le bas du tube ne touche pas le liquide.

Voilà notre pièce chargée; il ne reste plus qu'à faire
feu ! Il nous suffit pour cela de poser la bouteille horizontalement sur deux crayons posés parallèlement sur la
table, et figurant l'affût. L'eau pénètre dans le tube de
carton, dissout l'acide tartrique, et le gaz acide carbonique, qui se produit subitement, chasse le bouchon
avec une explosion violente, tandis que, par l'effet de
la réaction, la bouteille roule en arrière sur les deux
crayons, imitant exactement le recul d'une pièce
d'artillerie.

La Force du souffle.

ORSQUE vous soufflez dans un sac en papier pour le gonfler et le crever ensuite d'un coup de poing afin de produire l'explosion connue, vous êtes-vous demandé quelle force avait votre souffle? Vous savez que cette force peut être mesurée au moyen d'instruments appelés *spiromètres*, et que l'on voit dans les fêtes foraines. Je vous propose tout simplement de remplacer le spiromètre par un sac en papier.

Le sac doit être assez long, étroit, et fait d'un papier résistant. Posez-le à plat sur le bord d'une table, l'ouverture tournée vers vous, chargez-le avec des poids de plus en plus lourds, gonflez-le en soufflant, et vous serez surpris du poids que votre souffle aura pu ainsi soulever. Culbuter les deux dictionnaires de Bottin placés l'un sur l'autre ne sera pour vous qu'un jeu, ainsi qu'il vous est facile de le constater (1).

---

(1) En étudiant quelle est la force du souffle d'un adulte, on voit qu'il peut soulever un poids bien plus considérable que celui des deux dictionnaires de Bottin. En effet, l'expérience m'a démontré que, sans aucune fatigue, un adulte peut soulever en soufflant un poids égal à son propre poids. Un homme de 75 kilogrammes soulèvera ce poids de 75 kilogrammes sans effort, et voici comment l'expérience peut être organisée : Prenez un de ces sacs en caoutchouc servant à contenir l'oxygène pour les projections à la lumière oxhydrique ; placez sur ce sac un tapis sur lequel vous monterez, et soufflez dans le sac à l'aide d'un tube de caoutchouc fermé par un robinet. Chaque fois que vous voulez reprendre votre souffle, fermez ce robinet pour le rouvrir dès que vous soufflez de nouveau ; en quelques instants, le sac sera gonflé et aura soulevé de terre l'opérateur.

Le Bouchon récalcitrant.

Prenez un bouchon plus petit que l'intérieur du goulot d'une bouteille ordinaire, un bouchon de fiole de pharmacie, par exemple, et proposez à quelqu'un de le faire entrer dans la bouteille en soufflant dessus. Cela semble tout simple, et votre interlocuteur s'empresse de souffler à pleins poumons sur le petit bouchon ; mais celui-ci, au lieu d'entrer dans la bouteille, s'en échappera avec d'autant plus de vitesse qu'on aura soufflé plus fort ; on recommence l'essai, en soufflant cette fois tout doucement : le résultat est encore négatif, et le bouchon s'obstine à sortir au lieu de pénétrer dans la bouteille.

Voici l'explication de ce phénomène, qui intéresse et amuse tous les témoins de l'expérience. En soufflant sur le bouchon, une certaine quantité d'air pénètre en même temps dans la bouteille, et s'y comprime assez fortement pour faire ressort contre le bouchon, qui est rapidement projeté à l'extérieur. Si vous avez proposé l'expérience sous forme de pari, vous gagnerez donc à coup sûr, à moins que votre adversaire ne soit, ce que je souhaite pour lui, lecteur de « la Science amusante », qui va lui indiquer, non pas une, mais trois manières de remporter la victoire sur le *bouchon récalcitrant;*

1° Puisque en soufflant on chasse le bouchon par l'air qui se trouve comprimé dans la bouteille, essayez si en faisant le contraire, c'est-à-dire *en aspirant,* vous ne réussissez pas mieux. Et en effet, l'expérience vous prouve que, en agissant ainsi, vous créez un certain vide dans la bouteille; dès que votre bouche a quitté le goulot, l'air pénètre à l'intérieur, par suite de la pression atmosphérique, et le bouchon, entraîné dans le courant d'air ainsi produit, glisse immédiatement jusqu'au fond de la bouteille;

2° Le vide partiel peut être produit *en chauffant* la bouteille au-dessus d'une lampe ou auprès du feu, et le courant d'air froid sortant de votre bouche pourra faire pénétrer le bouchon;

3° Enfin, si vous avez à votre disposition un petit tuyau de matière quelconque, brin de paille, tuyau de pipe, morceau de macaroni, etc., vous n'aurez, pour réussir, qu'à souffler à travers ce tube, en le dirigeant exactement sur la base du bouchon, qui entrera dans la bouteille.

Quel que soit le moyen que vous aurez adopté, opérez toujours avec une bouteille parfaitement sèche à son intérieur, et essuyez-la chaque fois que la respiration aura produit une buée suffisante pour empêcher le glissement du bouchon le long des parois (1).

---

(1) La même expérience peut se faire avec une carafe à large goulot et un bouchon de bouteille ordinaire.

Présentée en public, elle provoque toujours une vive hilarité de la part de l'assistance.

La Pièce échappée.

Choisissez un verre à liqueur de forme conique dont le diamètre du bord soit un peu plus grand que celui d'une pièce de 5 francs; placez au fond une pièce de 50 centimes, et au-dessus la pièce de 5 francs, qui doit ne descendre que très peu dans le verre; elle se place horizontalement comme une sorte de couvercle. Vous pouvez annoncer maintenant que, sans toucher à ce verre ni à la pièce de 5 francs, vous allez faire sortir la pièce de 50 centimes. Il suffit pour cela de souffler violemment sur le bord de la pièce de 5 francs; celle-ci

10

oscille autour de son diamètre pour se placer verticalement, et en même temps l'air que votre souffle a
comprimé sous la pièce de 50 centimes la fait sauter
hors du verre, puis la pièce de 5 francs revient à sa
position horizontale.

On peut réussir cette expérience avec un petit verre à
madère ; mais la forme conique est préférable.

Le Papillon qui vole.

Pnocurez-vous un flacon à large ouverture, fermé par un bouchon creux dans lequel vous aurez enfoncé le tuyau d'un entonnoir en fer-blanc, ou mieux, en verre, et, à l'aide de cire à cacheter, bouchez bien tous les vides qui pourraient exister soit entre le bou-

chon et le goulot de la bouteille, soit entre l'entonnoir
et le bouchon.

Remplissez à moitié le flacon avec de l'eau, et jetez-y
les deux poudres blanches bien connues qui servent à
faire de l'eau de Seltz (bicarbonate de soude et acide
tartrique), que l'on trouve chez les marchands en petits paquets préparés à l'avance. Une vive effervescence
se produit dans le liquide, par suite du dégagement
du gaz acide carbonique, et ce gaz tend à s'échapper, au
fur et à mesure de sa formation, par le tube de l'entonnoir. Mais si vous avez placé dans cet entonnoir deux
ou trois petites boules de moelle de sureau ou même de
liège (ces dernières, découpées dans un bouchon), le
gaz ne pourra plus s'échapper que par intermittence,
l'une ou l'autre des boules venant, par l'effet de la pesanteur, boucher l'orifice de l'entonnoir jusqu'à ce que
la pression de l'acide carbonique dans le flacon soit de-
venue suffisante pour soulever la boule. A ce moment,
une partie du gaz s'échappe, la pression diminue, et
une des boules retombe de nouveau sur l'ouverture.
Le phénomène continue tant que le dégagement du gaz
a lieu, et si vous avez coloré diversement les petites
boules qui sont ainsi soulevées brusquement dans l'entonnoir, vous verrez que cette danse d'objets inanimés
est d'un effet assez original.

Vous pourrez même donner à l'expérience un cachet
artistique en collant une de ces petites boules au milieu
d'une feuille de papier à cigarette découpée et coloriée
de façon à représenter les ailes d'un papillon, et vous
verrez ainsi un papillon voltiger dans l'entonnoir et se
poser de temps en temps sur son ouverture, comme le
ferait un papillon vivant qui se pose sur une fleur.

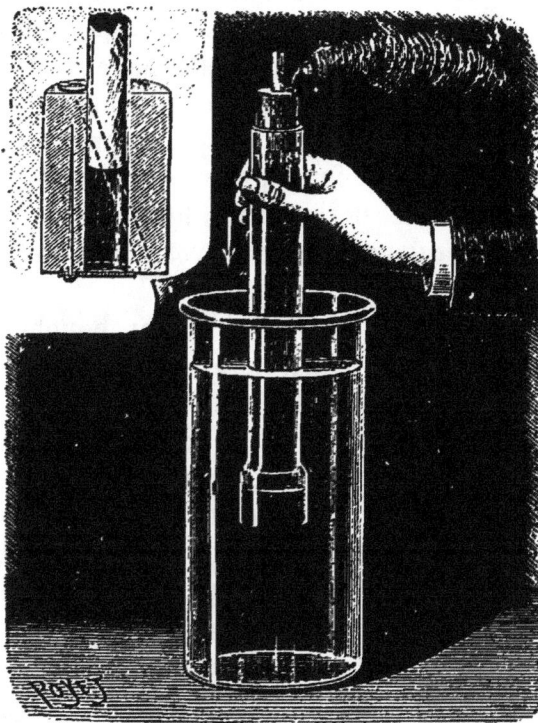

Faire fumer une cigarette à un verre de lampe.

BOUCHEZ une des extrémités d'un verre de lampe avec un gros bouchon qui le ferme hermétique-ment et dans lequel vous aurez percé deux trous; l'un de ces trous, traversant le bouchon suivant son axe, aura exactement le diamètre de la cigarette; l'autre, oblique par rapport à cet axe, sera d'un diamètre plus petit. Avec de la peau de gant dans laquelle vous dé-

couperez deux rondelles, vous ferez deux soupapes, dont
vous fixerez le bord au moyen de deux épingles, la
première au-dessus du petit conduit, à l'extérieur du
tube, la seconde dans le verre de lampe, et venant s'ap-
pliquer contre l'orifice du trou dans lequel la cigarette
a été ajustée. La première soupape, comme on le voit,
permet la sortie de la fumée en empêchant la rentrée
de l'air; la seconde permettra à la fumée de la cigarette de pénétrer dans le tube de verre, mais elle l'empêchera de sortir par le même trou.

Plongeons le tube dans l'eau jusqu'au bouchon; plaçons la cigarette dans son trou, allumons-la, et le verre
de lampe va se charger de la fumer pour nous! Pour
qu'il aspire la fumée, il nous suffira de le soulever. Le
vide produit entre le dessous du bouchon et le niveau
de l'eau fera pénétrer la fumée en faisant à travers la
cigarette un appel d'air qui en activera la combustion;
cette fumée ne sera pas arrêtée par la soupape du tuyau
vertical, qui est ouverte tandis que celle du tuyau
oblique est fermée par son propre poids.

Si nous abaissons maintenant le verre, l'air que nous
comprimons sous le bouchon fera fermer la soupape
centrale et ouvrir celle du tuyau oblique, par lequel
vous verrez sortir, pour se dérouler en spirales jusqu'au
plafond, un blanc panache de fumée.

V. — FORCE CENTRIFUGE

Le Verre d'eau à l'envers par la force centrifuge.

Vous avez tous vu, dans les cirques, un acrobate poser un verre d'eau sur un cerceau et faire exécuter à celui-ci des mouvements de rotation vertigineux, sans qu'aucune goutte d'eau ne s'échappe du verre ; tout le monde sait que ce phénomène est dû à l'action de la force centrifuge.

Voici un moyen de faire une expérience tout aussi émouvante avec le verre d'eau seul, et sans aucun appareil. Le verre étant posé devant vous sur la table, il s'agit de le prendre avec la main, de lui faire décrire un cercle complet dans l'air avec votre bras étendu et de le reposer sur la table sans qu'il ait perdu une seule goutte de liquide.

Tout consiste dans la manière de tenir le verre : au
lieu de le prendre comme si vous vouliez boire, saisis-
sez-le avec la main renversée, la paume de la main
tournée en dehors, comme l'indique la figure à droite
du dessin ; lancez hardiment le bras en l'air et tournez
sans exagérer la vitesse, mais sans secousse, dans le
sens des flèches de notre dessin ; le verre arrive, après
sa révolution, à être tenu par la main dans la position
représentée à gauche ; c'est dans cette position qu'on le
replace sur la table. Après un peu d'exercice, vous arriverez à exécuter l'expérience avec un verre de vin ;
mais, pour plus de sécurité, exercez-vous d'abord avec
de l'eau pure : la nappe... ou vos voisines de table ne
pourront qu'y gagner

L'Œuf valseur.

Posez l'œuf (prenez-le dur et non pas cru) sur le dos d'un plateau bien poli, et donnez à ce plateau un mouvement circulaire horizontal de plus en plus rapide. L'œuf, couché au milieu du plateau, est entraîné par ce mouvement et se met à pivoter sur lui-même, de plus en plus vite, jusqu'à ce qu'on le voie se dresser sur sa pointe, et tourner absolument comme le ferait une toupie.

Pour toutes les expériences d'équilibre faites avec des œufs, vous assurerez le succès en maintenant l'œuf debout dans la casserole pendant la cuisson. La chambre à air sera rendue ainsi symétrique par rapport au grand axe, et l'équilibre sera dès lors plus facile à obtenir.

La méthode indiquée plus haut demande un certain temps d'apprentissage, de la vigueur et de l'adresse. A ceux qui veulent réussir du premier coup j'indiquerai un procédé plus simple :

Posez le plateau sur la table, de façon qu'il déborde assez pour pouvoir être rapidement pris dans la main. Placez l'œuf au milieu, et, à l'aide du pouce de la main gauche et de l'index de la main droite placés respectivement aux deux bouts, imprimez à cet œuf un vigoureux mouvement de rotation. Il se dressera aussitôt sur sa pointe en tournant; saisissez vivement le plateau, et vous n'aurez plus qu'à entretenir le mouvement de rotation de l'œuf, ce qui est d'ailleurs très facile.

Le Pantin dans la glace.

OICI un jeu qui ne demande pas de préparatifs et est à la portée de tout le monde.

Placez-vous sur le côté d'une armoire à glace, comme

l'indique le dessin, et de telle sorte que la moitié de
votre corps soit cachée, l'autre moitié faisant saillie sur
le devant de l'armoire. Pour la personne placée en face
de vous, à une certaine distance, il semblera qu'elle vous
voit tout entier, puisque la moitié visible de votre corps
se réfléchit dans la glace, donnant ainsi l'illusion du
corps au complet. Si vous levez alors le bras qui est visible, le spectateur verra un second bras, symétrique de
celui-ci, se lever dans la glace, en sorte que vous aurez l'air de lever les deux bras en l'air. Jusqu'ici, rien
d'extraordinaire, puisqu'il n'est pas difficile de lever les
deux bras à la fois. Mais il n'en sera plus de même si
vous venez à lever la jambe située en avant de la glace.
En effet, la glace nous donnera l'image d'une seconde
jambe qui se lève en même temps, de sorte que, votre
corps ayant l'air d'avoir quitté son point d'appui sur le
sol, vous offrirez l'image d'une personne qui lève les
deux jambes à la fois, comme un pantin dont on viendrait
de tirer la ficelle.

L'Œil dans le dos.

Tenez, « Messieurs, je ne veux pas abuser plus longtemps de votre attention ; l'appareil que je vais soumettre à vos suffrages est la dernière merveille de l'art de l'optique ; c'est le postoscope, appareil permettant de voir derrière soi : de là le nom de « l'œil dans le dos » que certaines personnes préfèrent lui donner. Je ne m'attarderai pas à vous décrire le mécanisme et la construction de mon appareil ; je vais seulement exécuter devant vous quelques expériences destinées à vous convaincre de l'excellence 'de son fonctionnement. Je vais vous dire, sans me retourner,

ce qui se passe derrière moi. Je commence : -- Voilà
un monsieur qui passe sur le trottoir avec un parapluie;
— voilà deux agents qui passent derrière le fiacre; —
voici une grosse mère qui arrive avec un sac noir à la
main...

« *N'est-il pas merveilleux, Messieurs, alors que nos*
yeux sont de si précieux organes, de penser qu'à l'aide
de deux sous vous pouvez leur adjoindre un œil supplé-
mentaire, vous permettant de regarder derrière vous
sans qu'on s'en doute? S'il y a des amateurs, le prix, je
viens de le dire, c'est dix centimes, c'est deux sous! »

Tenté par le boniment, vous vous approchez de l'industriel à la voix éraillée, au linge douteux, qui vous
remet, en échange de votre décime, le précieux appareil,
et vous vous apercevez que vous n'avez entre les mains
qu'une petite boîte en carton entr'ouverte à l'un de ses
bouts et sur un côté, et dans laquelle est fixé un morceau
de miroir vertical incliné suivant la diagonale de la boîte.
Le tout n'a pas même la valeur d'un centime; mais il
faut bien que tout le monde vive !

Après tout, l'idée du miroir à 45° permettant de voir
derrière soi n'en est pas moins originale, et ceux d'entre
nos lecteurs qui, peu soucieux de voir opérer le camelot
sur le trottoir, désireraient posséder l'instrument, peuvent le construire eux-mêmes d'après le dessin de
notre figure, où il est représenté en grandeur naturelle.

Nouvelles Ombres chinoises.

OICI un moyen très simple de produire sur le mur des ombres chinoises, l'opérateur, ainsi que les personnages découpés, restant *derrière* les spectateurs, ce qui peut avoir certains avantages. Placez sur une table une bougie, et, en face de cette bougie, fixez au mur une feuille de papier blanc qui sera l'écran. Entre la bougie et l'écran, interposez un corps opaque, un calendrier ou un gros livre, par exemple. Comment pourrez-vous maintenant projeter les ombres sur l'écran? Tout simplement au moyen d'un miroir fixé sur le côté de la table. Le reflet du miroir se dessinera sur le mur en un rectangle ou un ovale lumineux, et si vous avez convenablement placé l'écran sur la mur, et que vous fassiez manœuvrer vos poupées en carton entre la bougie et le miroir, vous verrez aussitôt de petites ombres à l'aspect fantastique évoluer sur l'écran, sans que le spectateur non prévenu puisse soupçonner le moyen employé.

Le Théâtre dans une glace.

EVANT une glace placée contre un mur suivant un angle quelconque, on met une table couverte d'un tapis sous laquelle se cache la personne qui doit manœuvrer les acteurs.

Ceux-ci doivent être fixés au bout d'une mince baguette de bois assez longue. On les passe au travers de la planche formant le fond du théâtre, par l'ouverture en forme d'H découpée dans cette planche même, comme on le voit sur le dessin. Cette ouverture est en partie dissimulée par le théâtre lui-même, que l'on fait tenir sur le fond au moyen de bouchons collés ou cloués, ou de morceaux de bois, afin d'avoir un intervalle entre le

11

devant et le fond du théâtre. Ce devant, fait en carton, est replié en bas, de façon à figurer un plancher.

Les pantins devront avoir, pour paraître droits dans la glace, la même inclinaison que la planche de fond. De cette façon, le spectateur verra dans la glace la scène que l'on voudra représenter, comme si les pantins s'y trouvaient réellement.

Il faut éclairer fortement les personnages.

————————— ⊷⊶ —————————

L'Ombre vivante.

IEN qu'elle ne soit pas très compliquée, cette expérience sera plus facile à comprendre si mes lecteurs veulent bien l'exécuter eux-mêmes au lieu de se
contenter de la lire. Je ne vous apprendrai rien en vous
disant que si vous vous placez entre le mur et une
lumière votre corps produira une ombre sur ce mur ;
mais cette ombre ne donne que votre silhouette, et l'on
ne saurait espérer voir figurer dans les contours de
cette silhouette, des yeux, un nez et une bouche. Eh
bien ! je viens vous proposer aujourd'hui un moyen bien
simple, non seulement de faire apparaître dans l'ombre
de votre tête deux yeux, un nez et une bouche, mais

encore de représenter ces yeux roulant dans leurs
orbites, et la bouche, munie de dents énormes, s'ou-
vrant et se refermant comme si elle voulait dévorer
quelqu'un de l'assistance.

Pour cela, il vous suffira de vous placer à l'angle de
la chambre et près d'un mur portant une glace ou un
miroir. La personne qui tiendra la lumière derrière
vous s'assurera, en faisant varier sa distance et sa hauteur, que le reflet de cette lumière dans la glace vient
exactement sur le mur servant d'écran à la même place
que l'ombre de votre tête; ce reflet dessinera, dans le
contour de cette ombre, un rectangle ou un ovale
lumineux, selon la forme du miroir.

Mais si vous recouvrez le miroir d'un papier épais
dans lequel vous aurez découpé, comme l'indique notre
dessin, deux yeux, un nez et une bouche plus ou moins
fantastiques, les rayons lumineux traversant ces décou-
pures seront seuls reflétés, et viendront se dessiner au
milieu de l'ombre de votre tête, ce qui produira l'effet
que représente le dessin.

Pour corser l'expérience, superposez sur la glace
deux papiers semblablement découpés, dont l'un soit
fixe et l'autre mobile, que vous ferez mouvoir avec votre
main devant le premier, et les spectateurs verront les
yeux et la bouche se remuer d'une façon effrayante,
comme je l'ai annoncé plus haut.

La Glace brisée.

ES peintres viennent de donner le dernier coup de pinceau à l'appartement qu'ils restaurent, mais ne veulent pas s'en aller s'en avoir fait à la femme de chambre, envoyée pour voir si tout est prêt, la plaisanterie traditionnelle de la « glace brisée ». Vous jugez de l'effroi de la pauvre fille lorsqu'elle aperçoit une ou plusieurs fêlures au coin de la grande glace du salon ! Que va dire Madame ?

Et ces sans-cœur de peintres, qui rient à se tenir les côtes ! ! ! Après avoir bien joui de l'effet produit par leur farce, les voilà maintenant qui proposent de réparer le

malheur, et, pour ne pas prolonger l'ahurissement de
leur victime, l'un d'eux passe un linge humide sur l'endroit brisé de la glace. O miracle! les fêlures ont disparu, grâce au torchon mouillé, et M¹¹ᵉ Hortense ne peut
en croire ses yeux. Pour sûr, elle a affaire à des sorciers!

Il n'y a là, chers lecteurs, aucune sorcellerie, et si
vous voulez mystifier à votre tour quelqu'un de votre
famille, vous n'avez qu'à tracer, à l'aide d'un morceau
de savon un peu mince (du savon noir de préférence),
sur le miroir qui doit paraître brisé, de fines lignes destinées à représenter les fêlures; leur réflexion dans la
glace leur donnera, en les élargissant dans le sens de
l'épaisseur du verre, l'aspect de véritables fentes, et un
simple lavage à l'eau suffira pour tout remettre dans
l'ordre (1).

_____

(1) Voir vol. III, p. 75, l'expérience de *La Glace dépolie.*

La Cuiller-Réflecteur.

Voulez-vous, en cas de mal de gorge, éclairer vivement la bouche de votre enfant? Voici un moyen rapide d'avoir sous la main une source de lumière très intense. Tenez une cuiller contre une bougie, la partie creuse tournée vers la flamme, et vous aurez ainsi un excellent *réflecteur*, vous permettant de concentrer les rayons lumineux et de produire, au fond de la gorge que vous voulez examiner, un éclairage suffisant.

Une cuiller d'argent vous permettra aussi d'étudier les curieuses propriétés des miroirs courbes. Présentez la partie creuse devant votre figure ; vous vous verrez la tête en bas dans ce *miroir concave ;* tournez la cuiller, et la partie bombée, constituant un *miroir convexe*, vous montrera une figure très allongée, droite cette fois, mais tournant à la caricature; en approchant progressivement votre figure de la cuiller, vous verrez votre nez atteindre les proportions les plus réjouissantes.

La Pièce pompée.

ORSQUE nous regardons un objet plongé dans l'eau, nous savons que, par suite du phénomène de la réfraction, il apparaît au-dessus de la position qu'il occupe réellement. C'est pour cela qu'un bâton à moitié plongé dans l'eau semble brisé.

Voici une expérience qui repose sur ce principe :

Mettez au fond d'un vase plein d'eau une pièce de monnaie et priez une personne de se baisser jusqu'à ce que son œil, le bord du vase et le point du contour de la pièce qui est situé de son côté se trouvent sur la même ligne. A ce moment, ce n'est pas la pièce elle-même qu'elle aperçoit, mais son image créée par la réfraction. La personne ne bougeant pas de sa position, annoncez-lui que vous allez faire disparaître la pièce *en la pompant*. Pour cela, il vous suffit d'extraire le liquide du vase, soit en l'aspirant à l'aide d'un tube, soit en le pompant à l'aide d'une petite seringue. Le liquide une fois enlevé, la personne ne verra plus la pièce, qui lui est cachée par la paroi du vase. Remettez le liquide, et la pièce réapparaîtra aussitôt (1).

(1) Voir vol. III, p. 79, la construction, avec une rondelle de carton et des épingles, d'un appareil démontrant à la fois les lois de la réflexion et de la réfraction.

Les Couleurs complémentaires.

I. — LE DIABLE VERT.

PLACEZ un écran vertical en face de deux bougies allumées, et interposez entre l'écran et les bougies un objet opaque, par exemple un petit diable découpé dans du carton, qui produira sur l'écran deux ombres noires correspondant aux deux bougies. Si vous interposez maintenant devant la bougie de droite et du côté de l'écran un morceau de verre de couleur rouge, ou, plus simplement, un verre à boire rempli d'eau rougie, vous verrez l'ombre de droite colorée en rouge; celle de gauche aura disparu, mais en regardant bien attentivement vous remarquerez qu'elle est remplacée par l'image d'un diable vert pâle, complémentaire de la lumière rouge qui éclaire l'écran. Mettez de la bière

dans votre verre, à la place d'eau rougie, et ce diable
vous paraîtra violet, couleur complémentaire du jaune
de la bière; enfin, remplissez le verre avec de l'eau colorée faiblement avec du bleu de blanchisseuse, et le
diable de gauche paraîtra orangé. Les ombres de droite
seront toujours de la même couleur que le liquide contenu dans le verre.

Renversons l'expérience, et mettons dans le verre de
l'absinthe, de l'eau mélangée d'encre violette et enfin
du curaçao; la couleur du diable de l'écran sera successivement rouge, jaune et bleue.

II. — L'ÉTOILE TRICOLORE.

Prenez une feuille de carton, un calendrier, par
exemple, et pliez-la légèrement suivant sa ligne médiane. Dans l'un des volets ainsi obtenus, découpez
une étoile à quatre branches dont l'une des diagonales
soit verticale et l'autre, par conséquent, horizontale.
Rabattez sur l'autre volet celui qui porte cette ouverture de manière à pouvoir y tracer le contour de l'étoile
à l'aide d'un crayon; trouvez le centre du dessin par
l'intersection des diagonales : ce centre sera celui d'une
nouvelle étoile à quatre branches, mais dont les diagonales feront un angle de 45° avec celles de l'étoile précé-
dente. Après avoir tracé cette nouvelle étoile, vous la
découperez avec soin et vous poserez le carton ajouré
comme l'indique le dessin, sur une table portant deux
bougies allumées de même hauteur, et en face d'une
feuille de papier blanc formant écran et fixée au mur.

Vous réglerez l'angle formé par les deux morceaux du carton de façon que, au milieu de l'ombre qu'il projette,

les projections lumineuses des étoiles se superposent, ce qui donnera sur l'écran une étoile lumineuse à huit branches. Si maintenant vous couvrez l'une des deux ouvertures à l'aide d'un verre coloré, vert par exemple, vous obtiendrez une étoile tricolore : les pointes du dehors seront alternativement rouges et vertes, et une étoile octogonale blanche apparaîtra au centre de l'image.

Le verre de couleur peut être remplacé, comme on le voit sur le dessin, par un verre à boire contenant des liquides diversement colorés, et les branches de l'étoile présenteront alternativement la coloration même du liquide, ou la couleur complémentaire (1).

---

(1) Si l'on fait tomber un spectre solaire sur un écran percé de trous laissant passer seulement certaines couleurs, et si, à l'aide d'une lentille, on fait converger ces couleurs en un point, on obtient une *teinte complémentaire* de celle qu'on obtiendrait en superposant les couleurs arrêtées par l'écran. En arrêtant le rouge, et en superposant les autres couleurs, on aurait une couleur verte, complémentaire du rouge.

L'Épingle tournante.

PRENEZ un élastique de bottine et traversez-le par une épingle recourbée, comme l'indique notre figure.

En faisant tourner les deux extrémités du caoutchouc, tenu verticalement entre le pouce et l'index de chaque main, et en écartant ensuite les mains de façon à tendre l'élastique, on donne à celui-ci un mouvement assez rapide pour produire l'image d'un objet en verre. Cette illusion est d'autant plus complète que l'épingle est plus vivement éclairée et se détache sur un fond sombre.

Dans notre dessin, on a supposé l'opérateur placé dans une chambre obscure dans laquelle un rayon de soleil vient frapper sur l'épingle, en pénétrant à travers un petit trou du volet.

Avec un peu d'habileté, on peut reproduire avec des épingles les objets les plus divers : cloche à fromage, aquarium, porte-bouquet, verre à champagne, etc. Dans le cas où la forme de l'épingle tendrait à lui donner la position horizontale par suite de la force centrifuge, on doit relier son extrémité à l'élastique par un petit fil blanc qui ne nuit nullement à l'aspect général dans le mouvement de rotation.

La Loterie de famille.

OICI le jeu des petits chevaux mis à la portée de tout le monde sous forme d'un appareil bien simple. Collez tout autour d'un plat rond en porcelaine, et de la forme employée pour cuire les œufs sur le plat, une série de petites figures, bonshommes ou animaux, en carton découpé, ou contentez-vous d'y tracer à l'encre des dessins ou des numéros également distants les uns des autres.

Placez ce plat, ainsi préparé, dans un plat ordinaire un peu plus grand et légèrement bombé, comme ils le

12

sont d'habitude; il vous suffira de donner une légère
impulsion avec votre main au petit plat, pour qu'il se
mette à tourner sur lui-même.

Si le grand plat n'est pas bombé, mettez-y de l'eau
de manière que le plat figurant la roue de la loterie
puisse y flotter, et dès lors il tournera facilement, le
frottement étant supprimé.

Ainsi établi, votre jeu pourra servir d'amusant passe-
temps après un repas de famille, chacun pariant pour
un des personnages ou des numéros, et le gagnant étant
celui dont le personnage ou le numéro arrivera le plus
près du but, sans toutefois le dépasser; mais voici
comment vous pouvez en faire un jouet vraiment scientifique et instructif :

Représentez vos divers personnages en donnant aux
bras de chacun, par exemple, une position différente,
de façon que, l'assiette tournant, vous voyiez défiler
devant vos yeux les positions successives d'un homme
baissant et levant les bras; ainsi, par exemple, si l'un
des personnages a les bras pendants, celui qui vient
après les aura un peu écartés du corps; le suivant les
aura étendus horizontalement; celui d'après les aura
encore plus relevés; le dernier, enfin, aura les bras
levés verticalement au-dessus de sa tête.

Regardez maintenant d'un seul œil à travers un petit
trou que vous aurez fait avec une épingle dans une carte
de visite, et visez un même point fixe sur le cercle dé-
crit par les personnages lorsque le plat tourne : il vous
semblera n'en apercevoir qu'un seul, et cette unique
figure paraîtra animée de mouvements comme une personne vivante ; ses bras sembleront prendre successi-

vement toutes les positions dont chacune est, en réalité, affectée à un personnage spécial.

Vous pourrez vous amuser à combiner une infinité de figures ayant des positions successives, et reproduire, sans aucuns frais, le jeu bien connu du *zootrope* ou *praxinoscope* (1).

---

(1) Voir vol. III, p. 69, l'expérience du *Verre de cristal.*

Illusion d'optique :

LIGNES VERTICALES ET HORIZONTALES.

PRENEZ trois bandes de papier blanc d'égale longueur, mais dont l'une soit moitié moins large
que les deux autres. Croisez en forme de ⋈ les deux
bandes de même largeur, et à leur intersection placez
verticalement la plus mince : elle paraîtra *plus longue*,
et il vous faudra démontrer à l'aide du compas que les
longueurs des trois bandes sont rigoureusement égales,
pour que les spectateurs se rendent à l'évidence. Cette

illusion, très sensible pour celui qui regardera notre dessin, le sera encore davantage avec des morceaux de papier blanc posés sur un fond de papier ou de drap noir.

Si vous faites maintenant, avec vos trois bandes, une figure ayant la forme de la lettre H, la bande étroite formart la barre horizontale, et que vous fassiez pivoter cette bande de manière à la mettre de travers, elle vous paraîtra *moins longue* que les deux bandes verticales, bien qu'elle soit exactement de même longueur.

Ainsi donc, une bande de papier qui est exactement de la longueur de deux autres vous paraîtra soit plus grande, soit plus petite, selon la position que vous lui aurez donnée par rapport à ces deux autres, et cela par suite de la curieuse illusion d'optique dont chacun pourra aisément être le jouet (1).

---

(1) Voir vol. II, p. 131, l'illusion de la bande de papier noire et blanche.

Deuxième illusion d'optique :

PARALLÈLES COUPÉES PAR UNE TRANSVERSALE.

RANSFORMEZ une carte de visite en une sorte de grille à barreaux parallèles, comme l'indique la figure, et faites tourner derrière cette grille une mince bande de papier ou de carton, dont les bords sont parfaitement rectilignes, autour d'une épingle comme axe, cette épingle étant piquée dans un coin de la carte de visite.

Lorsque la bande mobile sera presque perpendiculaire aux barreaux de la grille, elle semblera bien limitée par deux lignes droites ; mais plus vous l'obliquerez par rapport aux barreaux, plus cette bande semblera se composer de petites lignes qui ne sont pas sur le prolongement les unes des autres.

Cela est surtout frappant pour la position de gauche de notre dessin, et ce n'est qu'en appliquant une règle sur les deux lignes qui la bordent que vous pourrez rectifier l'illusion d'optique que nous venons de vous signaler, et vous convaincre que ces deux lignes sont parfaitement droites.

Théâtre d'équilibristes.

Nous savons que, si nous tenons une aiguille debout sur une assiette, et que nous présentions un aimant à une certaine distance de sa tête, distance variable suivant la force de l'aimant, nous pourrons lâcher l'aiguille, qui restera debout par suite de l'influence magnétique qui s'exerce à distance. Elle sera, de plus, animée d'un petit tremblement, que nous allons utiliser dans un joujou facile à construire.

Découpons dans un vieux calendrier la façade d'un petit théâtre, dans laquelle nous enlèverons une ouverture rectangulaire ; le fond du théâtre sera emprunté à un autre calendrier de même grandeur, et les deux seront reliés par des bouchons fixés au moyen d'épingles. Au dos de la façade, et à sa partie supérieure, fixons un aimant qui doit être invisible pour les spectateurs. Au-dessous de cet aimant, tendez un fil de fer sur lequel vous placerez la pointe d'une aiguille à coudre ordinaire. La hauteur du fil de fer doit être réglée par tâtonnements de telle sorte que l'aiguille ne soit pas attirée par l'aimant, mais que, sous l'influence de celui-ci, elle soit forcée de se tenir debout sur le fil de fer. Une fois la hauteur du fil de fer déterminée, découpez un petit personnage en papier fort, représentant, par exemple, une danseuse de corde debout sur un seul pied ; donnez-lui la hauteur exacte de l'aiguille, et collez, à l'aide de deux gouttes de cire à cacheter, votre aiguille derrière le petit personnage, la pointe de l'aiguille correspondant exactement à l'extrémité du pied de la danseuse. Placez-la alors sur le fil de fer, au-dessous d'une des branches de l'aimant, et vous la verrez se tenir en équilibre, non sans être animée de petits tremblements très amusants, rappelant assez les mouvements des équilibristes dans leurs exercices. Votre aimant ayant deux branches, rien ne vous empêchera de mettre sur le fil de fer deux personnages au lieu d'un.

Une allumette et deux brins de fil vous donneront un petit trapèze par lequel le fil de fer tendu pourra être remplacé, et, après avoir posé vos personnages debout sur ce trapèze, vous pourrez les balancer sans qu'ils tombent, car la tête de l'aiguille restera toujours sensiblement à la même distance de l'aimant (1).

_____

(1) On peut trouver dans le commerce des petits aimants en fer à cheval d'une force magnétique assez grande pour soulever leur propre poids. Pour leur conserver cette intensité, on doit leur suspendre une pièce de fer (gros clou ou autre) ; sans cela, la force magnétique irait en diminuant progressivement.

Le Papier électrisé.

P AR un temps sec, frottez avec une brosse ou avec
la main un morceau de papier léger : il se trouvera électrisé au bout de peu de temps, et restera collé
à votre main, à votre figure, à votre habit, sans que
vous puissiez vous en débarrasser, tout comme si vous
l'aviez enduit de colle.

Électrisez de même un papier épais, une carte postale,
par exemple, et vous verrez que, ainsi que cela a lieu
pour la cire, le verre, le soufre ou la résine, cette carte
peut attirer les corps légers (débris de bouchons, moelle
de sureau, etc.). Placez une canne en équilibre sur le

dossier d'une chaise, et pariez que vous allez la faire
tomber sans y toucher, sans souffler dessus, et sans
toucher à la chaise.

Il vous suffira de faire bien sécher la carte devant le
feu, de la frotter vigoureusement sur votre manche, et
de la présenter à l'une des extrémités de la canne, qui
la suivra comme le fer suit l'aimant, jusqu'au moment
où, l'équilibre étant détruit, la canne tombera par
terre.

Au lieu de canne, vous pourrez mettre en équilibre
sur le dossier de la chaise une ligne à pêcher ou bien
une de ces longues perches servant de manche aux
balais dits *têtes de loup ;* la tête de loup suivra de même
la carte électrisée, et sa longueur rendra l'expérience
facilement visible pour tout le monde (1).

(1) Voir les expériences *Les trois Dés*, p. 95 du vol. III, et *L'Electroscope*,
p. 115 du vol. II.

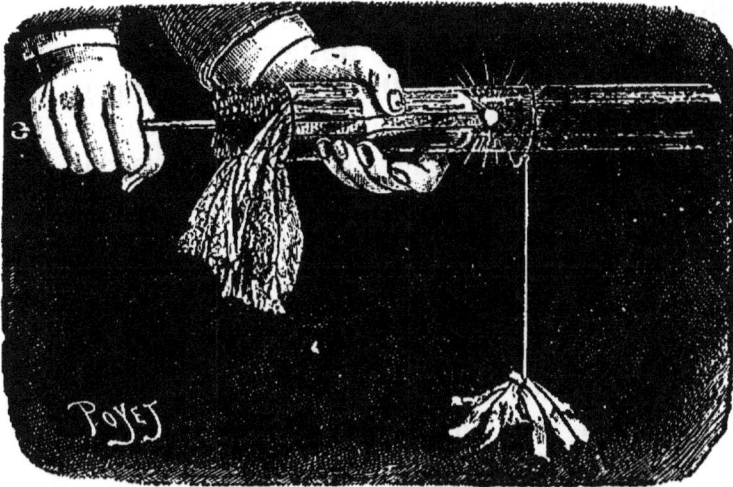

Transformer un verre de lampe en machine électrique.

PRENEZ un verre de lampe et entourez-le en son milieu d'un anneau de papier métallique, bien connu des enfants sous le nom de *papier à chocolat*, et que vous collerez avec un peu de gomme. Collez une bande étroite de ce même papier d'étain depuis l'une des extrémités du verre jusqu'à environ 1 centimètre de l'anneau. Cela fait, entourez d'un foulard de soie une de ces brosses ou écouvillons qui servent à nettoyer les verres de lampe, et frottez-en vivement l'intérieur du tube, en évitant que vos doigts ne touchent le papier métallique. Si vous opérez dans l'obscurité, chaque fois que vous retirerez la brosse du cylindre de verre vous

verrez, à votre grande surprise, une magnifique étin-
celle jaillir entre les deux bandes d'étain, démontrant
ainsi l'électrisation du verre par le frottement.

Vous pourrez, à l'aide de cette machine électrique
bien simple, répéter en petit la plupart des expériences
sur l'électricité que l'on exécute dans les cabinets de
physique, entre autres la suivante : par-dessus l'anneau
de papier d'étain, attachez au verre un fil de coton ou
mieux un fil de fer ou de laiton, à l'extrémité duquel
vous aurez suspendu de petites bandes de papier mince,
obtenues en coupant en trois des feuilles de papier à
cigarettes dans le sens de la longueur. Frottez l'intérieur du verre en introduisant la brosse revêtue du
foulard par l'extrémité opposée à celle de tout à l'heure :
l'anneau métallique se charge d'électricité, qui se
transmet, au moyen du fil, aux petites bandes de papier,
et vous verrez celles-ci s'écarter les unes des autres.

Vous aurez ainsi démontré :

1° Que les corps mauvais conducteurs, tels que le
verre, s'électrisent par le frottement ;

2° Que les corps bons conducteurs (papier et fil mé-
talliques) transmettent l'électricité d'un corps électrisé
(le verre) à un corps qui ne l'était pas (le papier) ;

3° Enfin, que les corps chargés d'une même électricité
se repoussent.

Rappelez-vous bien que l'humidité empêche la réussite
des expériences électriques ; choisissez donc pour opérer
un temps bien sec, et si vous avez bien séché devant le
feu la brosse, le foulard et le verre de lampe, je vous
garantis le succès.

Expérience d'Œrsted.

D ANS tous les cabinets de physique, on répète avec trois appareils assez coûteux, la *boussole,* le *galvanoscope* et la *pile électrique,* la célèbre expérience du physicien danois Œrsted; elle consiste à démontrer qu'un fil conducteur traversé par un courant électrique et approché d'une aiguille aimantée fait dévier cette aiguille de sa position d'équilibre. L'importance de cette expérience est très considérable, puisque elle a servi de point de départ à la découverte de la télégraphie électrique. Aujourd'hui, je vous proposerai de

la répéter en construisant vous-même, sans aucuns frais
et rapidement, les appareils nécessaires.

Les ustensiles qu'il faut vous procurer sont les sui-
vants : Un grand verre plein d'eau, une coupe à champagne (ou un bol) à moitié pleine d'eau (salée avec une
forte poignée de sel de cuisine), une cuiller à café, une
fourchette, du coke cassé en morceaux gros comme des
noyaux de cerises, une aiguille à coudre, un petit aimant,
enfin une lame de zinc de 20 centimètres environ de
longueur sur 2 centimètres de large.

Commençons par la *boussole*. Pour cela, frottons l'aiguille contre l'aimant, toujours dans le même sens, et
faisons-la flotter sur l'eau du grand verre, soit en
l'enduisant de graisse, soit en la piquant dans un morceau de papier qui aura été découpé en forme d'animal
ou de petite figure. Nous savons que l'une des pointes
de l'aiguille, par exemple celle qui correspond aux pieds
du personnage, se dirigera aussitôt vers le nord.

Passons maintenant au *galvanoscope;* c'est l'appareil qui nous indiquera la présence d'un courant en faisant dévier la boussole. Il nous suffit, pour l'obtenir, de
coucher sur le verre la cuiller à café, par-dessus l'aiguille aimantée et dans sa direction. Vous voyez que jusqu'ici tout est fort simple.

Reste à construire la *pile*. Pour cela, mettons nos
morceaux de coke dans un chiffon, et ficelons le tout
en forme de saucisson, au milieu duquel nous auron
placé la queue de la fourchette. Plongé dans le verre
d'eau salée, ce coke sera le pôle positif de la pile. Faisons reposer maintenant les dents de la fourchette su
l'un des bouts de la cuiller, mettons sur l'autre bout

l'une des extrémités de la lame de zinc, et faisons plonger dans l'eau salée, sans toucher le saucisson de coke,
l'autre extrémité de cette lame, qui sera le pôle négatif
de notre pile. Le courant électrique se produit aussitôt,
et vous verrez l'aiguille s'écarter de sa position d'équilibre, pour y revenir dès que vous aurez enlevé de l'eau
salée la lame de zinc.

C'est tout pour les préparatifs.

Remettez alors une quatrième allumette à quelqu'un
de l'assistance, en le priant *d'enlever en l'air*, à l'aide
de celle-ci, l'ensemble des trois premières.

Tel est le problème à résoudre.

La figure de droite vous en indique la solution.

Il suffit : d'appuyer légèrement la quatrième allumette contre les deux premières, pour permettre à la
troisième de tomber sur celle que vous tenez ; de
baisser la main pour que cette troisième puisse pénétrer dans l'intérieur de l'angle formé par les deux premières ; puis d'enlever en l'air l'allumette que vous tenez
à la main, et sur laquelle se tiendront à cheval les allumettes 1 et 2 d'un côté, et l'allumette 3 de l'autre.

Comme tous les petits jeux de combinaisons, celui-ci
est fort simple... pour ceux qui le connaissent, et je l'ai
vu lasser la patience de plus d'un éminent architecte et
de plus d'un savant constructeur (1).

---

(1) Ce problème, cité dans les « Récréations scientifiques », a été publié
pour la première fois par l'auteur dans le journal *Le Chercheur*.

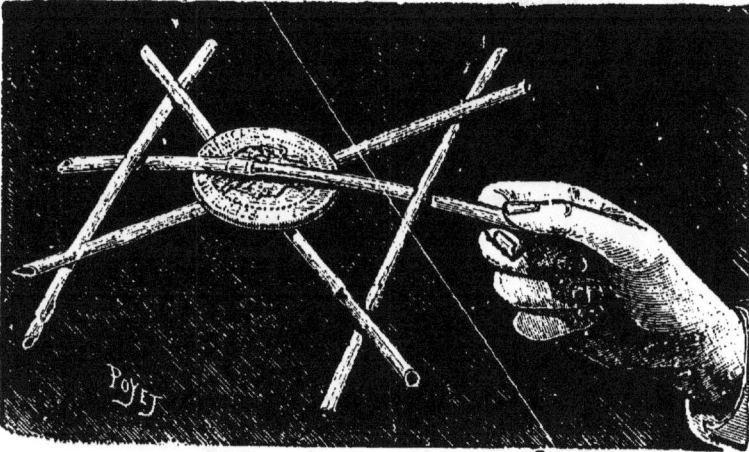

Les Brins de Paille.

N vous donne cinq brins de paille de même longueur (environ 10 centimètres), et l'on vous prie de les soulever en l'air tous les cinq, en tenant à la main l'extrémité d'un seul d'entre eux. Comment faire?

Le dessin vous répond pour moi : il suffit d'y jeter les yeux pour comprendre l'agencement des cinq petites pailles et de la pièce de monnaie, qui est, on le voit, des plus simples... quand on le connaît.

La pièce de monnaie empêche le glissement des pailles lors de la construction du système ; mais sa présence n'est pas indispensable.

Posez le problème à une personne non prévenue, et vous serez surpris du temps qu'elle mettra à en trouver la solution.

Ces petites questions de combinaisons ont quelque chose de scientifique qui satisfait l'intelligence, tout en développant l'adresse des mains.

Le Dessous de plat improvisé.

L s'agit de créer instantanément un dessous de plat pour la bonne, qui se brûle les doigts en tenant la soupière; il n'y a donc pas de temps à perdre. Prenez votre fourchette et celles de vos voisins de droite et de gauche; introduisez-les dans votre rouleau de serviette, posez les queues des fourchettes sur la table de façon qu'elles soient sur les trois sommets d'un triangle équilatéral, comme l'indique notre dessin. Mettez sur les pointes une assiette, et la bonne pourra lui confier sans crainte son brûlant fardeau.

Pour avoir été fait instantanément, notre dessous de plat n'en sera pas moins élégant, les fourchettes ainsi posées offrant le profil d'une sorte de compotier artistique.

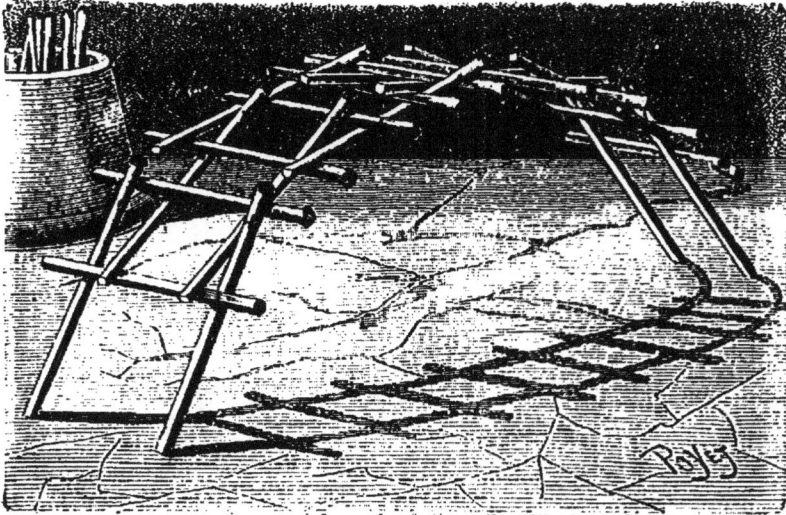

Le Pont d'Allumettes.

OICI la manière de franchir avec des allumettes une distance égale au moins à deux fois la longueur d'une allumette, en construisant un pont en charpente des plus élégants. C'est avec de grosses allumettes de cuisine, non arrondies, que vous pouvez réussir cette petite construction fort simple, mais qui doit être faite en suivant exactement la marche indiquée sur la figure géométrique annexée à notre vue d'ensemble.

Posez l'allumette 1 sur la table (voir le dessin de la page suivante), placez sur elle les deux extrémités de 2 et 3, et posez 4 en travers sur ces deux dernières;

soulevez avec le pouce et l'index de la main gauche le
n° 1, et faites glisser, avec la main droite, les n°ˢ 5 et 6;
par l'effet des leviers, le tout doit former une portion

ÉLÉVATION.

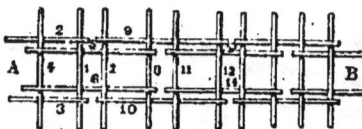

PLAN.

d'arc qui se tiendra sur la table. Placez 7 en travers
sur 5 et 6, et 8 sous les deux autres bouts de ces mêmes
allumettes 5 et 6; soulevez 8 délicatement pour poser 9
et 10, dont les extrémités de gauche s'appuieront sur 7,
après avoir passé sous 8, et continuez l'opération jusqu'à
ce que l'arc ait atteint la longueur voulue.

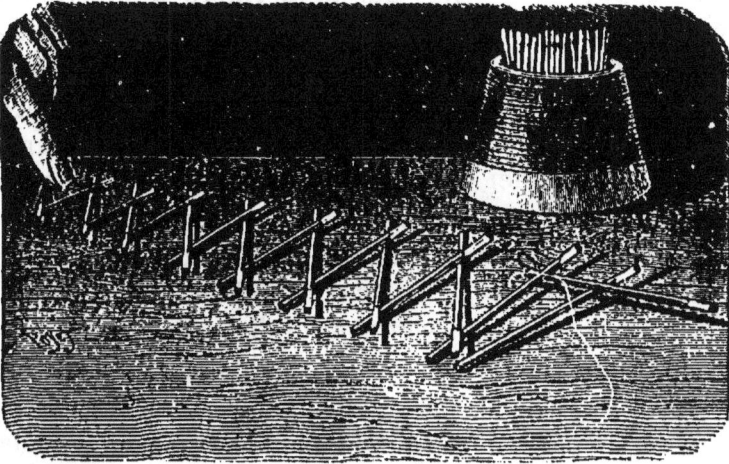

Transmission de la force à distance.

LACEZ une allumette A en travers d'une allumette B
reposant sur la table, le bout phosphoré de A doit
toucher la table : il suffit pour cela que B soit placé
assez près de l'autre extrémité, qui restera en l'air. Sur
cette extrémité, posez le bout d'une troisième allumette ;
elle ne devra pas faire basculer A par son poids, mais
si vous appuyez avec le doigt sur cette troisième allumette, le bout phosphoré de A se relèvera aussitôt.

Le résultat est le même si sur la troisième allumette
vous en placez obliquement une quatrième, et si vous
continuez ainsi à placer un certain nombre d'allumettes
formant levier les unes sur les autres, comme l'indique
notre dessin.

En appuyant le doigt sur la dernière allumette du
treillis ainsi obtenu, vous verrez instantanément basculer l'allumette A, dont le bout phosphoré se relèvera
sans que les mouvements de transmission intermédiaire
soient visibles. C'est la position montrée dans la figure.

Ceci établi, voici comment vous pouvez proposer un
curieux problème : « *Étant donnés un paquet d'allumettes et un verre posé au bout de la table, renverser
ce verre avec le doigt, en se tenant à l'autre bout de la
table.* » Pour ceux qui viennent de lire l'explication ci-
dessus, vous voyez que rien n'est plus simple. Il suffit
de poser le pied du verre sur l'extrémité phosphorée
de A, de disposer le système de leviers comme nous
venons de le voir plus haut, et d'appuyer avec le doigt
sur la dernière allumette du système, pour voir aussitôt
basculer le verre à l'autre bout de la table ; il pourra
même être renversé, si le système a été bien construit.

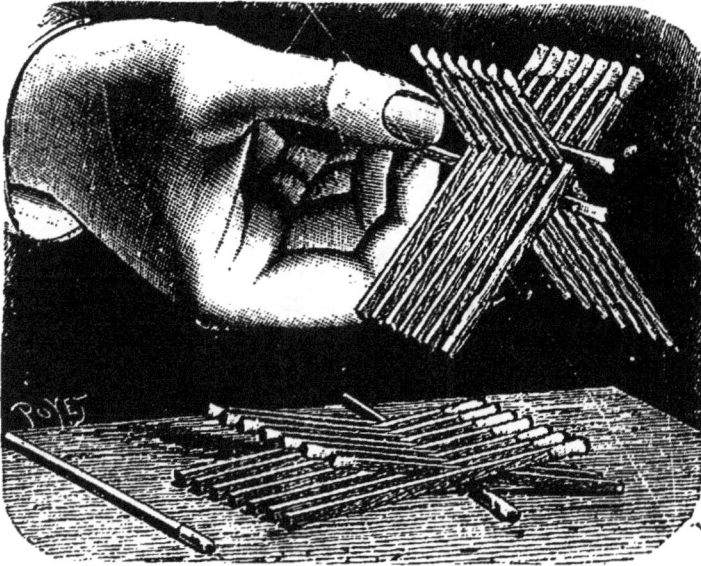

Enlever quinze Allumettes avec une seule.

PLAÇONS à cheval sur une allumette, que j'appellerai A, 14 autres allumettes B, dont les bouts phosphorés seront en l'air, les autres extrémités s'appuyant sur la table, comme on le voit au bas de notre dessin. Ces extrémités devront être alternativement à droite et à gauche de A. Si je vous propose d'enlever A et les allumettes B, en ne tenant que l'extrémité de A, il est clair que ces dernières tomberont par leur propre poids. Mais voici le moyen qui vous permettra de réussir l'opération : au-dessus des allumettes B, et le long du sillon formé par leur entrecroisement, placez une dernière allumette C. Vous pourrez alors soulever A ; les allumettes B prendront une position oblique, et, serrant entre elles l'allumette C comme entre deux mâchoires, elles se maintiendront en l'air aussi long-temps que vous le désirerez, offrant à l'œil l'aspect des tabourets pliants en forme d'X que l'on voit dans les jardins.

Employez de préférence, pour ce jeu, de grosses allu-mettes, bien que les suédoises puissent convenir à la rigueur.

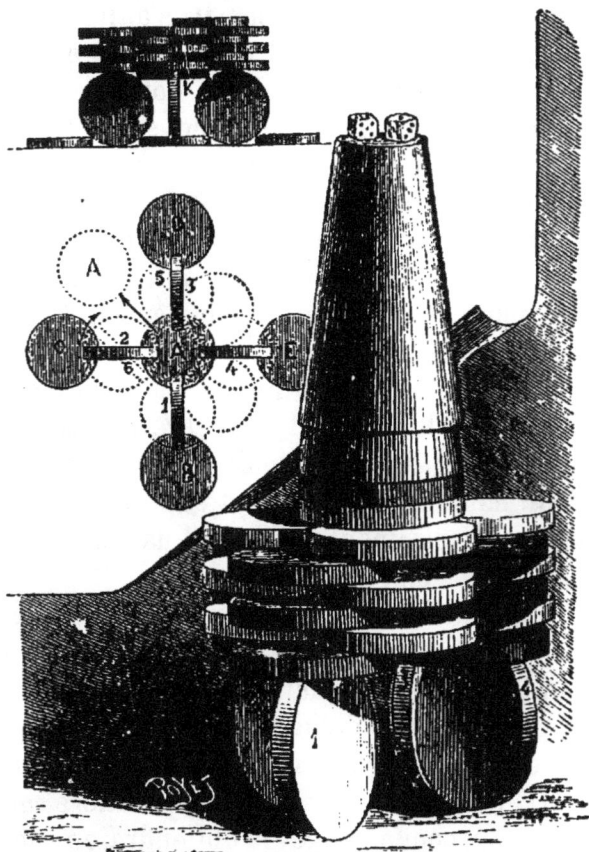

Les Dames du trictrac.

Ⓢ ɪ vous trouvez fastidieux de jouer tout seul au trictrac, en l'absence d'un partenaire qui se fait attendre, voici une petite construction qui aura l'avan-

tage de vous occuper tout en exerçant votre patience
et en développant votre adresse. Il s'agit de faire
tenir les 30 dames du jeu sur 4 dames indépendantes
et posées de champ, comme l'indique notre dessin.

La solution du problème exige une série de combinaisons ingénieuses et même un peu compliquées ;
aussi l'amateur qui essayera de le résoudre fera-t-il bien
de se mettre en face d'un jeu de trictrac, et, pièces en
main, de nous suivre pas à pas dans notre explication,
qui sans cela semblerait forcément bien aride.

Posez à plat sur la table la dame centrale A, et sur
le prolongement de deux diamètres perpendiculaires
placez verticalement les dames 1, 2, 3 et 4, sur lesquelles
vous vous proposez de faire tenir tout le jeu. Afin
d'assurer leur contact avec le bord supérieur de A, il
faut les caler provisoirement avec les 4 dames B C D E
posées à plat sur la table.

Mettez maintenant horizontalement une dame K sur
les bords des dames 1, 2, 3 et 4; sa face supérieure sera
dans un plan tangent à ces quatre dames.

Ceci fait, placez quatre dames de façon que leurs centres se trouvent respectivement au-dessus des centres
des dames B C D E. Cela nous donne la première rangée
horizontale. La seconde rangée s'obtiendra en plaçant
quatre nouvelles dames horizontales sur les quatre précédentes, mais en alternant de façon que les centres des
dames de la seconde rangée soient placés au-dessus
des vides existant entre les dames de la première.

Continuez ainsi en alternant jusqu'à la cinquième
rangée, les dames des rangées impaires, qui seront
par exemple les noires, se trouvant exactement situées

les unes au-dessus des autres, et les blanches des rangées paires ayant également leurs centres sur quatre
axes verticaux passant entre les vides des colonnes de
rang impair. Les cinq rangées auront absorbé 20 dames.

Jusqu'ici, il a suffi d'opérer exactement d'après nos
indications, sans rencontrer aucune difficulté. Mais
voici où l'opération devient délicate. Il s'agit, en effet,
non seulement d'enlever les dames B C D E servant de
cales aux 4 dames verticales qui doivent seules soutenir
l'édifice, mais encore de délivrer les deux dames A et K
que ces dames B C D E tiennent enfermées. Comment
faire ?

Débarrassons-nous d'abord des dames B C D E, fai-
sons-en la sixième rangée horizontale, et occupons-nous
des deux prisonnières.

Sur le plan du dessin, remarquez les chiffres 5 et 6
placés à côté des deux traits parallèles en pointillé : ces
lignes vous représentent la position oblique qu'il faut
donner provisoirement aux dames 2 et 3, en les faisant pivoter doucement avec le doigt. La dame K ne
se trouvant plus soutenue tombe sur A, et les deux
dames A et K peuvent être amenées au dehors par l'espace libre ainsi créé entre 2 et 3. A et K se placent
au-dessus de la 6ᵉ rangée, au centre de la figure ; vous
replacez 2 et 3 dans leur position primitive, et vous sur-
montez l'édifice des cornets du jeu de trictrac renversés
l'un sur l'autre et supportant les deux dés.

J'espère qu'un grand nombre de nos lecteurs réus-
siront à exécuter cette petite construction, dont les fon-
dations roulantes exigent de l'opérateur un peu d'a-
dresse jointe à une grande légèreté de main.

14

bout de fil et vous réussirez chaque fois à la planter dans la porte ou la boiserie que vous aurez choisie comme cible. Le léger bout de fil que vous aurez ajouté transformera votre aiguille en une véritable flèche, et fera que la pointe, sous l'impulsion donnée, viendra frapper normalement l'obstacle contre lequel elle est dirigée, ce qui lui permettra de s'y fixer.

Ce résultat, assez surprenant, ne manquera pas de provoquer l'étonnement des spectateurs et de vous attirer leurs compliments sur votre merveilleuse adresse.

Le physicien Comus, créateur de cette expérience, dissimulait le moyen employé d'une façon assez ingénieuse. Il faisait choisir parmi plusieurs fils de couleurs différentes celui dont on désirait qu'il fît usage, afin, disait-il, qu'on pût constater que c'était bien la même aiguille qu'on retrouvait fixée à la cloison. Le fil, qui en réalité était tout le secret du tour, ne paraissait ainsi qu'un simple moyen de contrôle pour éviter toute supercherie.

A rapprocher de cette expérience celle de la plume munie d'ailettes en papier représentée à l'angle de notre dessin et qui a valu des pensums à bon nombre de collégiens préférant les expériences de balistique aux beautés de Virgile et d'Homère.

Les Pyramides de verres.

IL faut s'exercer d'abord à poser un verre sur l'autre de telle sorte que l'axe du verre supérieur soit sur le prolongement du bord de celui qui le supporte. Avec un peu d'habitude et en choisissant des verres rigoureusement semblables, vous arriverez à superposer ainsi non pas quatre verres seulement, comme on le voit à gauche de notre dessin, mais cinq, six et jusqu'à huit verres, sur une table bien de niveau.

Le second exercice consiste à accrocher le corps d'un verre à pied sur le bord d'un autre ; vous serez surpris de la facilité avec laquelle on y arrive ; il faut que le pied du verre accroché touche le corps du verre qui le supporte. On a ainsi l'équilibre stable, représenté dans le dessin.

En arrière, on voit la manière de compliquer cette expérience par l'adjonction d'un troisième verre.

Au premier plan, à gauche du dessin, j'ai indiqué la curieuse façon de poser deux verres l'un à côté de l'autre dans l'ouverture d'un troisième. Leur pied ne doit plus toucher le corps du verre inférieur ; ils sont complètement couchés sur celui-ci, et l'on est étonné de voir que, par suite de leur exacte juxtaposition, aucun des deux verres ne tend à rouler et à tomber à l'extérieur. Il n'y a pas là une expérience d'équilibre, mais plutôt un arrangement curieux.

Avec les divers principes que nous venons d'exposer, et en vous enhardissant davantage, vous arriverez, grâce aux formes rigoureusement géométriques de vos verres, à les superposer de bien des façons différentes, et l'exécution de la pyramide située à droite du dessin ne sera plus pour vous qu'un jeu.

———— +2+ ————

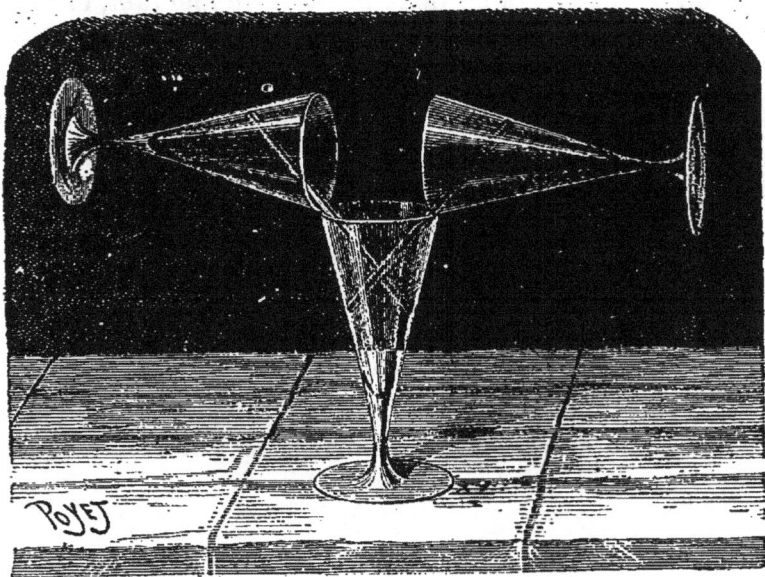

Les Trois Verres pointus.

L n'y a pas là équilibre à proprement parler ; la singulière position des deux verres sur le troisième s'obtient à l'aide de deux tiges de bois, deux manches de porte-plume, par exemple.

Posons l'un des verres sur la table et choisissons ceux qui se rapprochent le plus de la forme dite « flûtes à champagne». Plaçons la baguette dans le second verre, et, en faisant varier le point d'appui de l'extrémité de cette baguette contre l'intérieur du verre, arrêtons-nous au moment où nous sentirons que le verre se maintient horizontal sans que nous ayons à le soutenir.

Plaçons alors dans le verre qui est debout l'extrémité
de la baguette que nous tenons à la main, et, en faisant
varier son inclinaison dans le premier verre, nous sentirons à quel moment elle se trouve accrochée. Nous
aurons eu soin de maintenir, avec l'autre main, le pied
du verre qui est sur la table; autrement le poids du
second, placé en porte-à-faux sur son bord, le ferait
basculer. En plaçant une seconde baguette dans le
verre de dessous et en y accrochant le troisième verre,
nous rétablirons l'équilibre et nous pourrons aban-
donner le système à lui-même.

Vous pourrez tous arriver à répéter cette expérience ;
avec beaucoup d'habileté, il ne me semblerait pas impossible de placer ainsi trois verres sur trois baguettes
convenablement entre-croisées.

La Bouteille sur les clefs.

APRÈS avoir choisi six clefs de grosseur décrois-
sante, que nous numéroterons de 1 à 6 pour la
facilité de l'explication, posez sur la table les panne-

tons des deux plus grandes, 1 et 2, et introduisez dans
l'anneau de la clef 1 l'anneau de la clef 2, comme vous
le voyez sur la figure. Les deux clefs 1 et 2 feront entre
elles un angle très ouvert, et, en appuyant la main
sur les anneaux, vous vous assurerez que cet assemblage est solide et qu'aucune de ces deux clefs servant de base ne peut glisser sur la table. Engagez alors
le panneton de la clef 3 dans l'anneau de 2, puis successivement ceux de 4, 5 et 6 dans les anneaux de 3, 4
et 5, et, en regardant par-dessus, veillez à ce que les
axes de vos diverses clefs soient tous dans un même
plan vertical. Si les accrochages des pannetons dans
les anneaux ont été faits avec soin, ce dont vous vous
assurerez en appuyant sur la dernière clef (n° 6) qui
couronne l'édifice, rien ne sera plus simple, surtout à
ceux qui se sont familiarisés avec nos précédentes
expériences d'équilibre, que de poser sur les anneaux
des clefs 5 et 6 (ce dernier se présentant horizontalement et presque à plat) divers ustensiles, que vous choi-
sirez le plus fragiles possible pour corser l'expérience :
assiette, soupière, carafe, bouteille, etc. La bouteille
ne doit être qu'à moitié pleine, afin que son centre de
gravité ne soit pas trop haut, ce qui augmente la stabilité de l'ensemble du système,... ou plutôt en diminue
l'instabilité.

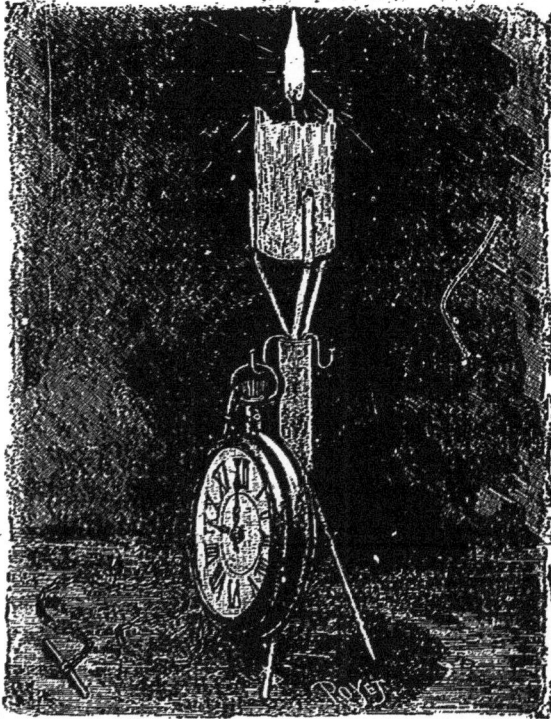

Le Bougeoir porte-montre.

NOTRE bougeoir, représenté dans le dessin ci-dessus, n'est peut-être pas d'une suprême élégance ; mais, dans certains cas il pourra, faute de mieux, nous rendre quelques services.

Prenez un bout de branche de sureau, ou encore roulez en cylindre, en le maintenant par un fil, un morceau de carte de visite.

Trois allumettes, dont les extrémités pénétreront légèrement dans le bas du cylindre, formeront trépied ; les
trois autres, légèrement repliées en leur milieu et enfon-
cées dans le haut du cylindre, formeront le bougeoir
proprement dit.

Une épingle recourbée, accrochée sur le bord supérieur, servira à accrocher votre montre, qui n'aura pas
ainsi à souffrir du contact du marbre de la cheminée.

Dédié à MM. les chasseurs.

La Plume de Robinson.

N honorable industriel avait fait insérer dans plusieurs journaux l'annonce suivante :

Contre la somme de 1 franc

j'envoie la manière

d'Écrire sans plume ni encre!!!

S'adresser...

Les lettres affluaient à l'adresse indiquée, et chaque

amateur recevait, par retour du courrier, la réponse re-
marquable par sa laconique simplicité :

« Prenez un crayon! »

En proposant à mes lecteurs de leur indiquer la manière d'écrire sans plume, je n'ai pas l'intention de
rééditer la plaisanterie de ce trop facétieux personnage,
mais bien de leur signaler une plume d'un genre nouveau, réunissant en elle toutes les qualités désirables,
ainsi que vous allez pouvoir en juger, y compris celle
du bon marché, puisqu'elle ne coûte absolument rien:
dame Nature la met, en effet, à notre disposition sur
presque tous les points du globe. Ne la cherchez ni
dans le règne minéral, qui nous fournit les plumes mé-
talliques, ni dans le règne animal, auquel nous devons
les plumes d'oie, aujourd'hui à peu près disparues, au
grand désespoir de quelques adeptes fidèles; la plume
que je vous propose appartient au règne végétal, et
peut être employée sans aucune préparation, telle que
l'a produite l'arbre sur lequel elle pousse.

Notre plume, que nous baptiserons, si vous le voulez
bien, *la plume de Robinson*, n'est autre que la double
feuille du pin sylvestre ou du pin maritime. Les feuilles
du pin, d'un beau vert foncé, sont menues et effilées,
ce qui leur a fait donner le nom d'*aiguilles*, nom d'autant
mieux choisi que chacune de leurs extrémités se termine
par une sorte de petit ongle acéré...

En examinant de près une branche de pin, vous remarquerez que ces aiguilles sont réunies constamment deux
par deux dans la même gaine, et, en les plaçant l'une

contre l'autre, on voit que les extrémités des deux
pointes aiguës dont j'ai parlé tout à l'heure se rencon-
trent exactement, par suite de leurs longueurs rigoureusement égales. Enfin vous remarquerez que chacune des
aiguilles possède une nervure creuse longitudinale, de
telle sorte qu'en juxtaposant les deux aiguilles, venues
dans la même gaine, elles se touchent par leurs bords,
mais en laissant entre elles un vide cylindrique qui
règne sur toute leur longueur.

Voici maintenant comment ces diverses observations
peuvent être mises à profit pour la fabrication de la
plume de Robinson.

Arrachez de la branche de pin une gaine portant deux
aiguilles, et représentée au n° 1 de notre dessin ; attachez
les deux aiguilles l'une à l'autre par une petite ligature
faite avec un brin de fil, tout près de l'extrémité pointue,
comme on le voit au n° 2. Voilà votre plume qui, munie
de deux becs bien aigus et de même longueur, est prête
à écrire tout ce que vous désirerez. Comme *porte-plume*,
enfoncez tout le corps de la plume dans une branche
d'arbre, de lilas ou de sureau, par exemple, en ne laissant
dépasser les deux pointes que d'un centimètre environ,
ou mieux encore fixez-la dans un tuyau de pipe, comme
l'indique le n° 3 de notre dessin. Le renflement de la
gaine empêchera son glissement dans l'intérieur du
porte-plume improvisé. Plongez maintenant votre plume
dans un encrier, et, contrairement à ce que vous faites
pour les plumes ordinaires, laissez celle-ci séjourner un
certain temps dans le liquide ; par suite de la capillarité,
l'encre montera dans le tube formé par la réunion des
deux aiguilles, et votre plume finira par être assez gorgée

d'encre pour qu'il vous soit possible d'écrire 20 ou 25 lignes sans avoir besoin de la replonger dans l'encrier !

Fine, souple, inoxydable, la plume que je viens de vous indiquer pourra tracer tous les spécimens d'écritures; pleins et déliés, gothique ou anglaise, ronde ou bâtarde, n'auront pas de secrets pour elle.

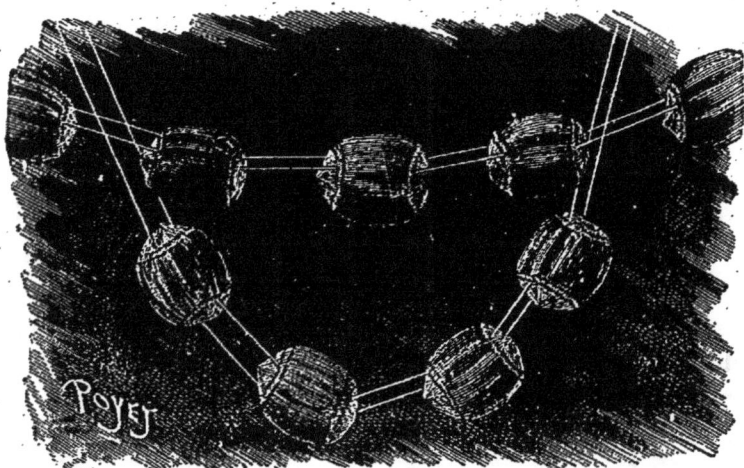

Le Chapelet de Noisettes.

ENTRE l'épiderme coloré en brun de la noisette et la coquille proprement dite il existe une certaine quantité de petits canaux, qu'on aperçoit en fendant une noisette dans le sens de sa longueur.

Une extrémité de ces canaux débouche aux environs de la pointe de la noisette, l'autre sur la couronne circulaire de la partie teintée en gris. En grattant légèrement avec un couteau, on découvre les orifices de ces petits conduits ; rien n'est alors plus facile que d'y enfiler un cheveu fin.

On peut traverser la coquille d'une noisette avec 35 cheveux, passant dans les 35 conduits de la coquille, dans lesquels on les fait pénétrer en les poussant légèrement avec le doigt lorsqu'on voit leur extrémité engagée dans l'orifice.

Un seul cheveu est assez résistant pour porter ainsi un certain nombre de noisettes, qui forment un chapelet d'un genre nouveau.

Recommandations : Employer des noisettes bien sèches, si l'on veut réussir. De plus, comme les cheveux ont un sens, puisqu'ils se composent d'une multitude de poils inclinés vers leur pointe, on aura soin de les enfiler toujours du côté de la racine.

Nous dédions cette jolie récréation à nos lectrices, dont les cheveux fins et soyeux seront sans doute mis à réquisition (1).

(1) Cette curieuse récréation du *Chapelet de noisettes* a été indiquée pour la première fois par l'auteur dans le journal *Le Chercheur* et reproduite ensuite dans plusieurs ouvrages français et étrangers.

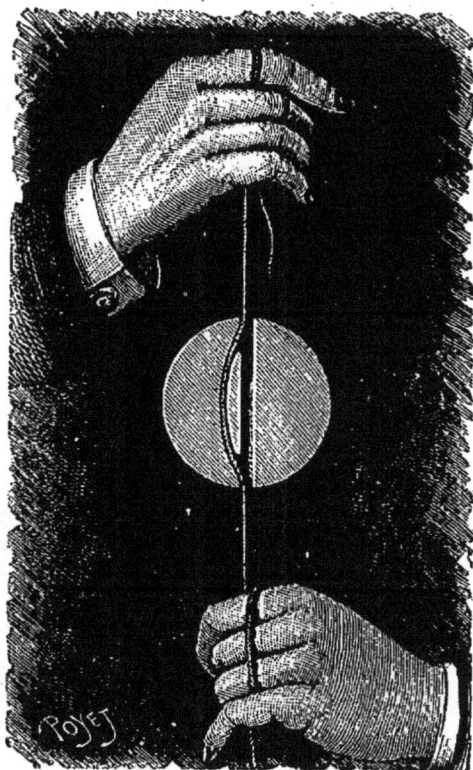

La Boule magique.

A *Boule magique*, inventée par Robert-Houdin, m'est revenue en mémoire à propos des noisettes. Vous verrez tout à l'heure pourquoi. Cette boule, qui s'est vendue comme joujou, était percée diamétralement d'un gros trou cylindrique, qui la traversait de part en part, et elle glissait facilement le long d'une ficelle enfilée dans ce trou.

Mais qu'une personne initiée vînt à tenir les deux bouts de la ficelle, la scène changeait : loin de tomber, la boule descendait lentement le long de la ficelle, et s'arrêtait au commandement de la personne, pour ne reprendre sa descente que lorsqu'on le lui permettait. Ce tour, exécuté par Robert-Houdin avec une énorme sphère, avait toujours provoqué un vif sentiment de curiosité. Comment cela se faisait-il ?

Le dessin vous répond pour moi : outre le grand trou central, on avait pratiqué à l'intérieur de la boule un conduit courbe débouchant vers les deux extrémités du trou cylindrique. La personne connaissant le secret feignait d'enfiler la boule en faisant passer la ficelle par le trou du milieu, mais avait bien soin de l'engager dans le conduit circulaire ; elle ressortait ensuite à l'autre extrémité de la boule comme si elle la traversait en ligne droite. Dès lors, il suffisait de tendre plus ou moins la ficelle pour retarder ou arrêter la descente. C'est le principe de la plupart des descenseurs de sauvetage en cas d'incendie (1).

Mais la noisette ? me direz-vous. Eh bien ! la noisette peut servir à la même expérience : son canal courbe ressemble au conduit circulaire de la sphère ci-dessus ; en tendant plus ou moins le cheveu, vous ferez descendre la noisette à votre fantaisie, vous modérerez la vitesse de sa descente, et sur un ordre formel vous l'arrêterez tout à fait le long du cheveu.

---

(1) L'expérience de *L'Œuf hypnotisé* (vol. II, p. 227) indique la manière de faire l'expérience sans aucun ustensile spécial.

Le Vaporisateur.

OICI un appareil économique, puisqu'il ne coûte rien, ni comme matière première, ni comme main-d'œuvre, et qui permettra aux dessinateurs d'injecter leur fixatif en poussière liquide, aux ménagères de désinfecter les plus petits recoins à l'aide de liquides anti-septiques finement vaporisés; aux élégantes enfin d'embaumer l'atmosphère de leur appartement par la pulvérisation d'un liquide parfumé. Deux tuyaux de plume d'oie se touchant par leurs extrémités et enfoncés à angle droit dans un même bouchon dont on a enlevé le quart par une section verticale faite suivant l'axe sur

la moitié de la hauteur, et par une autre section horizontale sur la moitié de la largeur, comme l'indique le
dessin, voilà toute la construction de notre vaporisateur
improvisé. Placez le tuyau vertical dans un flacon d'opo-
ponax (ou d'opopanax, pour ne pas nous brouiller avec
Larousse), soufflez dans le tuyau horizontal, et vous
obtiendrez un nuage odorant semblable à celui que
produisent les vaporisateurs les plus compliqués.

La Bougie éteinte et rallumée.

ÉCOUPEZ, dans du carton mince, deux petites poupées tenant à la bouche un tuyau de plume, un cure-dent, par exemple, dans lequel elles semblent souffler. Remplissez de sable les deux petits tuyaux, en laissant un vide à l'extrémité la plus éloignée des personnages.

Dans le vide de l'un des tuyaux placez quelques grains de poudre de chasse ; dans l'autre, un petit morceau de phosphore.

Les poupées ayant été ainsi préparées en secret, vous faites apporter une bougie allumée, et vous annoncez que l'une des poupées va l'éteindre et l'autre la rallumer.

Dès que vous approcherez de la bougie le tuyau à poudre, celle-ci s'enflammera et produira une minuscule explosion, suffisante cependant pour éteindre la bougie et rabattre la fumée vers la poupée tenue de l'autre main. La chaleur de cette fumée suffira pour allumer le phosphore, et en mettant le tube qui le contient à une distance convenable de la mèche, la bougie se rallumera.

Cette expérience ne doit pas être préparée par des mains inhabiles : la poudre et le phosphore demandent, en effet, à être maniés avec précaution ; mais il serait possible de fabriquer des cartouches en papier mince contenant une petite proportion de ces substances, et qu'il suffirait de mettre au bout des tuyaux au moment voulu.

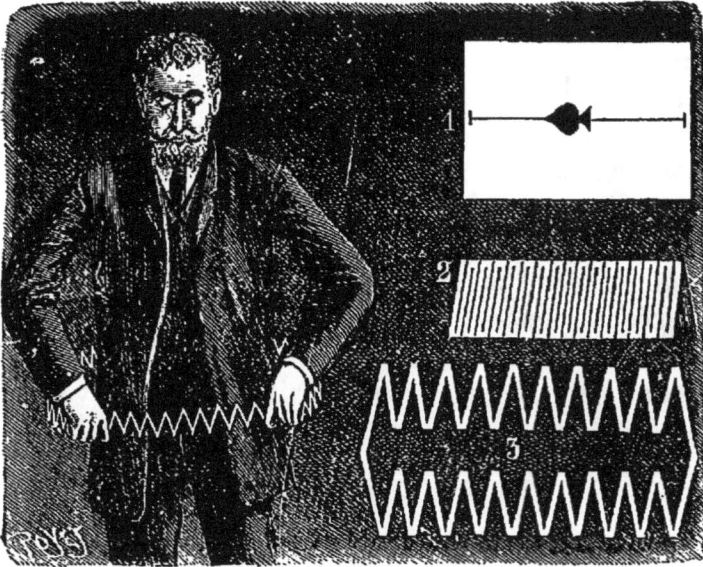

Passer à travers une carte à jouer.

ANS une soirée d'amis où l'on vient de s'occuper de tours de cartes, lorsque vous verrez la série près de s'épuiser, proposez à l'opérateur de le faire passer lui-même tout entier à travers une carte à jouer. Il vous répondra que cela n'a rien de difficile si la carte a des dimensions suffisantes ; mais le problème semblera plus compliqué si vous annoncez qu'il s'agit d'une carte à jouer de dimension ordinaire. Et, pour ne pas le faire chercher trop longtemps, vous prenez une carte dans laquelle vous faites une fente longitudinale s'arrêtant près des bords, comme l'indique la figure 1 du dessin.

Vous repliez la carte en deux suivant cette fente, et, à l'aide de ciseaux, vous y faites les entailles indiquées figure 2.

En rouvrant alors la carte, et en tirant sur ses extrémités, vous la voyez alors se transformer en une longue bande extensible, composée de petites lames qui font entre elles un angle de moins en moins aigu à mesure que vous opérez la traction indiquée ci-dessus. Et voilà comment vous pouvez passer à travers une carte à jouer et exécuter un tour de carte offrant ceci de particulier que, au lieu que ce soit vous qui fassiez le tour de carte, c'est au contraire la carte qui fait le tour... de vous.

Les Mouvements inconscients.

CHOISISSEZ parmi la société la personne la moins disposée à croire aux tables tournantes, aux esprits frappeurs, etc.; priez cette personne d'appuyer solidement sa main sur la table, en tenant un couteau.

Fendez une allumette à l'extrémité opposée au phosphore; taillez une seconde allumette en biseau et emmanchez l'une dans l'autre les deux extrémités de façon à former un V à angle très aigu. Mettez ces deux allumettes à cheval sur la lame du couteau, en recommandant à l'amateur sceptique de maintenir la lame bien horizontale, et de régler la position de sa main de manière

que les deux bouts phosphorés des allumettes touchent
légèrement la table, et sans jamais la quitter.

Au grand étonnement de l'assistance et de l'opérateur,
on voit les allumettes se mettre en marche le long de la
lame. Ceci est dû à des mouvements inconscients de la
personne qui tient le couteau, mouvements invisibles
pour elle et pour le public.

Pour rendre l'expérience plus attrayante, vous pouvez
briser légèrement les deux allumettes en leur milieu :
elles figureront les jambes d'un cavalier dont le buste,
découpé dans une carte de visite, sera maintenu dans une
fente pratiquée au sommet de l'angle des allumettes.

L'Ombromanie.

VANT de prendre congé de mes lecteurs, je désire leur signaler quelques nouvelles figures, composées avec les mains et quelques accessoires très simples, et dont l'ombre, projetée sur le mur ou sur un écran, en interposant les mains entre cet écran et une lumière, nous permettra de reproduire d'amusantes silhouettes de personnages ou d'animaux.

Ces figures ont été récemment créées par un équilibriste fort habile, Trewey, bien connu du public parisien.

Nous voici bien loin du classique *petit lapin* que l'on fait courir sur le mur pour amuser Bébé. Ici, la perfection est telle que les grands enfants sont les premiers à admirer et à applaudir.

Regardez le cygne au col flexible, glissant paisiblement à la surface des eaux, tandis que le vent souffle dans les plumes écartées de ses ailes; le voilà maintenant qui tourne la tête, pour lisser coquettement son beau plumage.

***

Un bout de ficelle, un morceau de carton, voilà tous

les accessoires nécessaires pour représenter un cheval de course lancé à fond de train par son jockey intré-

pide; en un clin d'œil homme et bête disparaissent pour faire place au tranquille éléphant du Jardin des Plantes, dont la trompe, toujours mobile, fait ample provision de petits pains et de friandises.

***

Viennent ensuite : le chien se précipitant sur un mor-

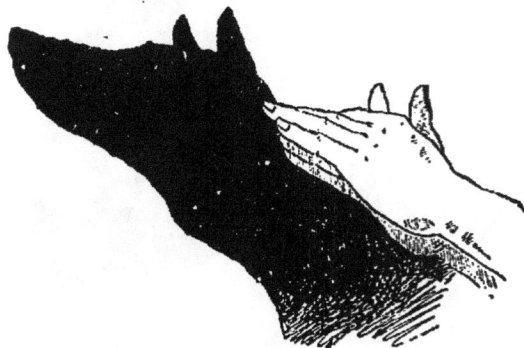

ceau difficile à avaler, que nous voyons un instant après descendre péniblement dans son gosier; le vieil avocat

expliquant aux juges le défaut de l'argumentation de
son adversaire.

Voici le chat, dont le corps est formé par un coin de
manteau drapé autour du bras ; remarquez le profil de la

tête, aux oreilles mobiles, figuréepar l'une des mains, tandis que l'index de l'autre main représente la queue frétil-
lante de Minet, procédant à une toilette consciencieuse.

Voilà maintenant le réserviste à l'air martial, dont les grimaces amusent fort l'assistance.

De la caserne passons à l'église. Voici la chaire, figurée par le bras de l'opérateur auquel est attaché

un carré de bois; le prêtre y monte, et nous devinons, à la vivacité de ses gestes, qu'il est loin d'être satisfait de son troupeau.

16

Il est remplacé par la sémillante danseuse de corde, aux jambes agiles; après les saluts au public, elle fait le simulacre de frotter ses pieds de blanc d'Espagne, puis s'élance sur le fil tendu, pour y exécuter, aux sons de l'orchestre, ses plus gracieux exercices.

Chacun de nos lecteurs pourra s'exercer à reproduire,

plus ou moins fidèlement, les personnages que nous venons de passer rapidement en revue. Voilà, pour les soirées d'hiver, une récréation toujours variée et ne nécessitant aucun appareil spécial. C'est à ce double titre que nous la signalons, en terminant, aux lecteurs et lectrices de « LA SCIENCE AMUSANTE ».

⊢ FIN DU PREMIER VOLUME ⊣

TABLE DES MATIÈRES

III. — HYDROSTATIQUE.

IV. — PROPRIÉTÉS DES GAZ.

Paris. — Imp. LAROUSSE, 17, rue Montparnasse.

LIBRAIRIE LAROUSSE, rue Montparnasse, 17, PARIS.

DEUX CENTS
JEUX D'ENFANTS
EN PLEIN AIR
ET A LA MAISON

PAR

L. HARQUEVAUX & L. PELLETIER

LA ROUE

UN BEAU VOLUME IN-8° ILLUSTRÉ DE 160 GRAVURES

Prix : Broché, **3** fr.; Relié tranches blanches, **4** fr.
Relié tranches dorées, **4** fr. **50**.

Envoi franco au reçu d'un mandat-poste français ou international.

www.ingramcontent.com/pod-product-compliance
Lightning Source LLC
Chambersburg PA
CBHW071658200326
41519CB00012BA/2557